FORSCHUNGSBERICHTE DES LANDES NORDRHEIN-WESTFALEN
Nr. 2051

Herausgegeben im Auftrage des Ministerpräsidenten Heinz Kühn
von Staatssekretär Professor Dr. h. c. Dr. E. h. Leo Brandt

Prof. Dr.-Ing. Dres. h. c. Hermann Schenck
Priv.-Doz. Dr.-Ing. Aleksander Majdič
Dipl.-Ing. Abdel-Megid Amer

Institut für Eisenhüttenwesen der Rhein.-Westf. Techn. Hochschule Aachen

Entarsenisierung von Eisenerz, Roheisen und Stahl

Springer Fachmedien Wiesbaden GmbH 1970

ISBN 978-3-663-20027-7 ISBN 978-3-663-20382-7 (eBook)
DOI 10.1007.978-3-663-20382-7

Verlags-Nr. 012051

© 1970 by Springer Fachmedien Wiesbaden

Ursprünglich erschienen bei Westdeutscher Verlag GmbH, Köln und Opladen 1970.

Inhalt

1. Einleitung 5

2. Einfluß des Arsens auf die mechanischen Eigenschaften des Stahls 5
   - 2.1 Einfluß des Arsens auf die statische Festigkeit der Stähle 5
   - 2.2 Einfluß des Arsens auf die technologischen Eigenschaften des Stahls 7
   - 2.3 Einfluß des Arsens auf die Struktur des Stahls 7
   - 2.4 Einfluß des Arsens auf die Schweißbarkeit der Stähle 8

3. Entarsenisierung von Eisenerzen 8
   - 3.1 Einleitung 8
   - 3.2 Verschiedene Verfahren 9
   - 3.2.1 Auswaschen von arsenhaltigen Eisenerzen mit Alkalilauge......... 9
   - 3.2.1.1 Literatur.. 9
   - 3.2.1.2 Eigene Versuche und Ergebnisse 9
   - 3.2.2 Entarsenisierung durch Vorreduktion mit festem oder gasförmigem Reduktionsmittel 10
   - 3.2.2.1 Literatur.. 10
   - 3.2.2.2 Eigene Versuche und Ergebnisse 12
   - 3.2.2.2.1 Entarsenisierung durch Vorreduktion mit festem Reduktionsmittel .. 12
   - 3.2.2.2.2 Entarsenisierung durch Vorreduktion mit gasförmigem Reduktionsmittel 13
   - 3.2.3 Entarsenisierung durch magnetisches Rösten 13
   - 3.2.3.1 Literatur.. 13
   - 3.2.4 Entarsenisierung durch chlorierendes Rösten 14
   - 3.2.4.1 Literatur.. 14
   - 3.2.4.2 Eigene Versuche und Ergebnisse 14
   - 3.2.5 Entarsenisierung durch Brennen von Pellets 15
   - 3.2.5.1 Literatur.. 15
   - 3.2.5.2 Eigene Versuche und Ergebnisse 15

4. Die Verteilung des Arsens zwischen Blei- und Eisenschmelzen und ihre Beeinflussung durch andere Zusatzelemente 16
   - 4.1 Theorie 16
   - 4.2 Versuchsdurchführung 17
   - 4.3 Versuchsergebnisse 17

5. Versuche über das Verhalten des Arsens beim Frischen 18
   - 5.1 Literatur... 18
   - 5.2 Versuchsdurchführung 19
   - 5.3 Versuchsergebnisse 20
   - 5.4 Diskussion der Versuchsergebnisse 20

6.	Das Verhalten von arsenhaltigen Eisenschmelzen unter Vakuum		20
	6.1	Literatur	20
	6.2	Versuchsdurchführung	22
	6.3	Auswertung der Ergebnisse	22
	6.4	Erörterung der Versuchsergebnisse	23

7\. Zusammenfassung 23

8\. Literaturverzeichnis 25

9\. Anhang... 27
   a) Tabellen 27
   b) Abbildungen 35

1. Einleitung

Durch den wachsenden Anteil von Qualitäts- und Sonderstählen in der Stahlproduktion rückt die Bedeutung von Spurenelementen mehr in den Vordergrund. Eines dieser Elemente ist Arsen, dessen Einfluß auf die mechanischen und technologischen Eigenschaften der Stähle in erster Linie negativ ist, lediglich bei der Härtbarkeit des Eisens bringen geringe Arsengehalte gewisse Verbesserungen. Es erscheint daher wünschenswert, das Arsen, das im Hochofen fast vollständig in das Roheisen übergeht und sich über den Schrott in den Sonder- und Qualitätsstählen laufend anreichert, mit geeigneten Methoden in den einzelnen Vorgängen des Verhüttungsprozesses zu entfernen.

Über die Entfernung des Arsens aus Eisenerzen, Roheisen und Stählen ist bisher nur wenig bekannt. Ziel dieser Arbeit ist es daher, die verschiedenen Möglichkeiten der Entarsenisierung – wie Entarsenisierung der Erze durch Auslaugen, Vorreduktion sowie Entarsenisierung des Roheisens durch Auswaschen mit Blei, Frischen und Entarsenisierung des Stahles durch Vakuumentgasung – auf ihre Anwendbarkeit und ihre Wirkung zu überprüfen.

2. Einfluß des Arsens auf die mechanischen Eigenschaften des Stahls

Es ist allgemein bekannt, daß das Arsen die mechanischen Eigenschaften des Stahls von einem bestimmten Gehalt an beeinflußt. Wie hoch dieser Gehalt ist, ist umstritten. Es liegen zwei ältere Schrifttumszusammenstellungen über diesen Fragenkomplex vor [1, 2].

2.1 Einfluß des Arsens auf die statische Festigkeit der Stähle

J. I. DOROCHOV u. a. [3] stellten bei Untersuchungen in beruhigtem und unberuhigtem Kohlenstoffstahl mit 0,18–0,25% Arsen fest, daß dieser Stahl in seinen mechanischen Eigenschaften dem entsprechenden arsenfreien Stahl gleichkommt.

G. W. AUSTIN, A. R. ENTWISLE und G. C. SMITH [4] geben an, daß 0,021–0,23% Arsen nur einen schwachen Einfluß auf die mechanischen Eigenschaften des Stahls hat. Die Untersuchungen von E. S. VOLCHOVJANSKAJA [5] an Stählen mit 0,24% Arsen erbrachten für die statische Festigkeit höhere Werte als für normale arsenfreie Stähle und keinen wesentlichen Unterschied in den Werten der relativen Dehnung und Einschnürung. Normalisierte arsenhaltige Stähle zeigten nur geringe Steigerung der Festigkeitsgrenze und eine weniger spürbare Steigerung der statischen Festigkeit mit gleichzeitiger Zunahme der relativen Dehnung. Bei den arsenhaltigen vergüteten Stählen war eine Steigerung der Fließgrenze um 40–50% festzustellen, die statische Festigkeit nahm um 20–30% zu, während sich die relative Dehnung um 35–40% verringerte; die relative Einschnürung bleibt praktisch unverändert. Die Dauerfestigkeit blieb trotz Einsatz unter extremen klimatischen Bedingungen über lange Zeit unverändert und gleicht der der arsenfreien Stähle.

K. F. Starodubov und V. V. Kalmykov [6] untersuchten den gemeinsamen Einfluß von Arsen und Phosphor auf die mechanischen Eigenschaften von Kohlenstoffstählen und stellten dabei fest, daß bis 0,75% Arsen im Stahl mit 0,15% Kohlenstoff und 0,015% Phosphor keinen Einfluß auf die Festigkeitseigenschaften des Stahls hat. Bei Stählen mit 0,45 bzw. 0,75% Kohlenstoff und 0,02% Phosphor wird die Einschnürung ab 0,30% Arsen erniedrigt. Bei phosphorarmen Stählen (<0,02% Phosphor) ist bis zu 0,25% Arsen kein nachteiliger Einfluß des Arsens auf die Druckfestigkeit und die Sprödigkeit des Stahls festgestellt worden. Ein Zusatz von Arsen zu Stählen mit 0,06% Phosphor erhöht die Sprödigkeit; bei Stählen mit 0,15% Kohlenstoff und 0,06% Phosphor bewirkt ein Arsengehalt von 0,14% eine Verringerung der Druckfestigkeit bei Raumtemperatur von 22 auf 14 kg/mm^2 und eine Erhöhung der Sprödigkeit bei Stählen mit 0,75 bzw. 0,45% Kohlenstoff und 0,06% Phosphor.

M. P. Sidel'kovskij [7, 8] führte die Rißbildung und Unebenheiten der Oberfläche bei Stauchungen von arsenhaltigem Stahl nicht nur auf das Arsen zurück, sondern auch auf Verformungsgrad, Ofenatmosphäre bei der Wärmebehandlung, Ofentemperatur und Haltezeit. Je höher Stauchungsgrad, Ofentemperatur und Haltezeit sind und je oxidischer die Ofenatmosphäre ist, desto deutlicher treten die Fehler an der Oberfläche des Stahles auf. Ein arsenhaltiger Stahl zeigt nach 30 Minuten bei 1000°C und einer Stauchung um ein Drittel der Höhe keine Defekte. Mit zunehmender Haltezeit und Temperatur und steigendem Stauchungsgrad treten stärkere Defekte auf. Erwärmt man die Proben dagegen unter reduzierender Atmosphäre bei 1200°C, so ist die Oberfläche sauber. Der Grund für die Oberflächendefekte liegt darin, daß durch die Erwärmung unter oxidischer Atmosphäre nur das Eisen verbrennt, während das Arsen in der Oberfläche angereichert wird und mit dem Eisen ein niedrigschmelzendes Eutektikum (mit 12% Arsen) bildet, welches bei der Warmverformung zu Rissen und Unebenheiten führen kann. An Schienen aus Stahl mit 0,12–0,15% Arsen ist nach mehrjährigem Einsatz unter den strengen klimatischen Bedingungen Sibiriens kein schädlicher Einfluß des Arsens auf die Betriebseigenschaften der Schienen eingetreten.

I. V. Navrockij, V. I. Baguzin und Ju. S. Tomenko [9] haben Vergleiche angestellt zwischen einem arsenhaltigen Stahl 09 G 2 mit 0,155–0,156% Arsen und einem arsenarmen Stahl 09 G 2 mit 0,04–0,05% Arsen. Sie stellten fest, daß beide Stähle gleiche Zugfestigkeits-, Streckgrenzen- und Bruchdehnungswerte aufwiesen.

T. S. Mar'janovskaja, A. G. Nikonov und L. L. Pinchusovič [10] konnten zeigen, daß bis zu 0,15% Arsen bei Schienen aus Siemens-Martin-Stahl des Typs R-65 keinen spürbaren Einfluß auf die mechanischen Eigenschaften des Stahles ausübt, und bis zu 0,36% Arsen in Stählen praktisch keinen Einfluß auf die Festigkeitsmerkmale, wie Plastizität und Ermüdungsfestigkeit, zeigt.

M. I. Kurmanov und T. F. Fillippova [11] haben bei Untersuchungen an Kohlenstoffstählen nach den russischen Normen GOST 1050-52 und an legierten Stählen nach GOST 4543-48 festgestellt, daß ein Arsengehalt bis zu 0,30% keinen nachteiligen Einfluß auf ihre mechanischen Eigenschaften bewirkt.

I. G. Kazancev [12] hat in den Azovstal'-Werken bei einem Vergleich der Eigenschaften des arsenhaltigen und des arsenfreien MSt 3 Kp-Stahles festgestellt, daß bis zu 0,13% Arsen die gleichen Schweißverfahren für beide Stähle angewendet werden können, ohne daß bei arsenhaltigem Stahl Fehler auftreten. Die mittleren Werte für Zugfestigkeit, Streckgrenze und Bruchdehnung sind beim arsenhaltigen Stahl höher als beim arsenfreien, dagegen ist die Einschnürung niedriger. Die Dauerfestigkeit des arsenhaltigen Stahles ist geringfügig höher.

B. S. Kasatkin [13] stellte fest, daß sich Arsengehalte bis zu 0,20% nicht in den mechanischen Eigenschaften von beruhigtem und unberuhigtem Stahl MSt 3 widerspiegeln, auch wenn die Gehalte von Phosphor und Schwefel bis zu 0,05% und Kohlenstoff bis zu 0,21% ansteigen.

2.2 Einfluß des Arsens auf die technologischen Eigenschaften des Stahls

Bei den Untersuchungen von E. S. VOLCHOVJANSKAJA [5] erbrachte die Kerbschlagzähigkeit des arsenhaltigen Stahls bei Zimmertemperaturen befriedigende Werte und es war kein deutlich zum Ausdruck kommender Zusammenhang zwischen den Werten der Kerbschlagzähigkeit und dem Arsengehalt im Metall zu beobachten. Die Kerbschlagzähigkeitswerte in der Tieflage für Stähle mit 0,16 und 0,24% Arsen waren ausreichend hoch. Die Alterungserscheinung tritt deutlich auf.
L. M. SKOL'NIK [14] hat bei Untersuchungen von arsenhaltigen Schienen (0,114–0,258% Arsen) des Werkes Azovstal' festgestellt, daß diese eine geringere Kerbschlagzähigkeit besitzen als die arsenfreien desselben Herstellwerkes. Das liegt aber nicht nur am Vorhandensein des Arsens, sondern an den verhältnismäßig höheren Phosphorgehalten (0,027–0,038%). Arsen verringert zwar die Kerbschlagzähigkeit des Schienenstahls, jedoch weniger ausgeprägt als Phosphor; man muß daher bei Anwesenheit von Arsen den Phosphorgehalt im Metall senken, um einen Abfall der Kerbschlagzähigkeit zu vermeiden.
Bei Kaltbiegeversuchen mit den unter [9] aufgeführten Stählen blieben diese beim Biegen um 180° ohne Anriß. Die Kerbschlagempfindlichkeit beider Stähle war gleich.
Nach der Arbeit [10] nimmt die Empfindlichkeit des Schienenstahles gegenüber Einkerbung mit steigendem Arsengehalt von 0,13 bis 0,22% etwas zu. Normalisierte Schienen aus Stahl, sowohl mit einem erhöhten als auch mit dem Standardgehalt von 0,13% Arsen verfügen über eine verringerte Widerstandsfähigkeit gegen Bildung von Ermüdungsrissen im Vergleich mit nicht normalisierten Schienen.
Weitere Versuche aus der Arbeit [11] zeigten, daß ab 0,30% Arsen im Stahl die Zähigkeit etwas erniedrigt und die Härtbarkeit verbessert ist.
M. P. SIDEL'KOVSKIJ [7, 8] hat gefunden, daß die Durchhärtbarkeit mit zunehmendem Arsengehalt sich vergrößert.

2.3 Einfluß des Arsens auf die Struktur des Stahls

E. S. VOLCHOVJANSKAJA [5] hat die Mikrostruktur arsenhaltiger Stähle bis 0,24% Arsen untersucht und Ferritstreifen ungleichmäßiger Färbung festgestellt, was mit der Dendritseigerung des Arsens im Stahl in Verbindung steht. Durch Normalisieren wurde die Struktur des Metalls homogener und feinkörniger, es blieb jedoch die Streifigkeit erhalten.
Nach Härten bei 900°C mit anschließendem Anlassen bestand die Mikrostruktur der Stähle aus sorbitähnlichem Perlit und Ferrit. Nach Härten ohne anschließendes Anlassen lag ein sorbitähnlicher Perlit vor, der stellenweise troostitische und sogar martensitische Orientierung hatte. Ferner wurde die Streifigkeit in beiden Fällen beobachtet.
M. P. SIDEL'KOVSKIJ [7, 8] stellte fest, daß die durch Arsen verursachte Streifigkeit der Struktur des arsenhaltigen Stahls keinen negativen Einfluß auf seine mechanischen Eigenschaften ausübt.
V. I. DOROCHOV u. a. [3] stellten bei Untersuchungen von Blechen aus arsenhaltigem Stahl fest, daß die deutliche Arsenstreifigkeit ihre Breite mit der Blechdicke vergrößert.

2.4 Einfluß des Arsens auf die Schweißbarkeit der Stähle

Bei Untersuchungen der Schweißbarkeit arsenhaltiger Bleche von 8 bis 30 mm Dicke aus beruhigtem und unberuhigtem Stahl mit 0,14% Arsen und 0,15% Kohlenstoff wurde in der Arbeit [3] festgestellt, daß diese Bleche ausreichend schweißbar sind. Dagegen neigen Bleche ab 16 mm Dicke mit 0,16% Arsen und 0,21–0,22% Kohlenstoff zur Rißbildung im Schweißgut, wobei der unberuhigte Stahl Risse in der wärmebeeinflußten Zone zeigt.

A. I. Krasovskij u. a. [15] haben die Schweißbarkeit dreier Stahlarten aus dem Werk Azovstal' (Schmelze I mit 0,16% Arsen, Schmelze II mit 0,26% Arsen und Schmelze III ohne Arsen) untersucht. Der unterschiedliche Gehalt an Arsen im Stahl der untersuchten Schmelzen übt keinen Einfluß auf seine Schweißbarkeit aus. Jedoch neigt der höher arsenhaltige Stahl in der wärmebeeinflußten Zone weniger zum Überhitzen bei niedrigen, stärker bei hohen eingebrachten Wärmemengen. Stahl II zeigt beim Schweißen keine erhöhte Neigung zur thermischen Alterung. Die Schweißnähte der geschweißten Stahlarten I und II zeigen im Verhältnis zum Grundwerkstoff nach einer mechanischen Alterung eine wesentlich größere Kerbschlagzähigkeit als die Schweißnähte des Stahles III. Die Zugfestigkeit der geschweißten Nähte der Stahlarten I und II wurden durch das Zulegieren mit Arsen nicht beeinflußt, dagegen wurde die Schlagzähigkeit bei Raumtemperatur etwas kleiner. Die thermische Verfestigung des arsenhaltigen Stahles verbessert seine Schweißeigenschaften und verringert seine Neigung zur thermischen Alterung beim Schweißen sowie seine Rißempfindlichkeit. Die Schweißverbindungen der arsenhaltigen Stähle haben sowohl nach dem Walzen als auch nach ihrer Wärmebehandlung eine höhere Verformbarkeit und eine statische Festigkeit entsprechend der Festigkeit des Grundmetalls.

I. G. Kazancev u. a. [12] stellten fest, daß bis zu 0,195% Arsen in einem MSt 3 Kp-Stahl die Schweißbarkeit im Vergleich zu dem arsenfreien MSt 3 Kp-Stahl nicht beeinflußt. Untersuchungen von B. S. Kasatkin [13] ergaben, daß bis zu 0,20% Arsen die Schweißverbindungen des beruhigten und unberuhigten Stahls MSt 3, selbst bis zu 0,05% Phosphor und Schwefel und bis zu 0,21% Kohlenstoff nicht beeinflußt. Bei mehr als 0,20% Arsen in dem Stahl MSt 3 besteht eine Tendenz zur Verringerung der Kerbschlagzähigkeit und der Plastizität der Schweißverbindungen.

Weiteres Schrifttum, in welchem die Frage der Beeinflussung der mechanischen Eigenschaften des Stahls durch Arsen behandelt wird und dessen Ergebnisse sich im Rahmen der oben diskutierten Arbeiten bewegen, seien hier zusammenfassend wiedergegeben [16–22].

3. Entarsenisierung von Eisenerzen

3.1 Einleitung

Das Arsen ist ein unerwünschtes Element im Roheisen und Stahl, wobei die obere Grenze des für den Stahl noch zulässigen Arsengehaltes, wie im Kapitel 1 zu sehen ist, noch nicht eindeutig festlegt.

Da die Entfernung des Arsens aus dem Roheisen und Stahl schwierig und mit hohen Kosten verbunden ist, soll überprüft werden, inwieweit eine Entfernung des Arsens aus dem Erz mit relativ einfachen Mitteln und geringen Kosten möglich ist. Die mit der Arsenentfernung gleichzeitig erreichbare Eisenanreicherung im Erz bietet sich als eine sinnvolle und kostensenkende Maßnahme an. Im folgenden wird über Versuche zum Entarsenisieren von Erzen berichtet.

3.2 Verschiedene Verfahren

3.2.1 Auswaschen von arsenhaltigen Eisenerzen mit Alkalilauge

3.2.1.1 Literatur

E. M. BRITVIN [23] berichtet über Versuche zum Auswaschen des Arsens aus Kerč-Erzen und Konzentraten durch Natriumhydroxid und Soda. Ohne Angabe der Konzentration der Lauge wird ausgesagt, daß nach einstündiger Auslaugung 2,5–4% Arsen aus dem Erz entfernt werden konnte. Durch Erhöhung der Konzentration der Lauge um 0,1% stieg auch die Auslaugung des Arsens um 0,1%. Eine Verlängerung der Auslaugdauer um 20 Minuten hatte eine Verbesserung der Entarsenisierung um 0,3% zur Folge. Es wurde ebenfalls beobachtet, daß Arsen aus dem Konzentrat besser entfernbar ist, als aus dem ursprünglichen Erz. Bei einer 24stündigen Einwirkung der Lauge kann man bis zu 17% des Arsens entfernen.

N. A. VASJUTINSKIJ und L. I. VASJUTINSKAJA [24] haben Konzentrate aus dem Kerč-Erz mit 5 und 10%iger Kalilauge bei 90–100°C ausgewaschen und eine Entfernung des Arsens in 2 Stunden von 53 bzw. 66% erreicht. Bis zu 80% Entfernung des Arsens konnten die Verfasser durch 50%ige Kalilauge erreichen. Durch Trocknen des Konzentrats bei 300°C vor dem Auswaschen mit 10%iger Kalilauge und für 1 Stunde konnte die Entarsenisierung von 50 auf 68% erhöht werden. Das Auswaschen mit Natriumhydroxid war wirksamer als mit Kaliumhydroxid, wobei beim Auswaschen von Konzentraten mit 45–50% Eisengehalt und 0,13–0,17% Arsengehalt in 1–1,5 Stunden mit 5 bis 10%iger Natronlauge bei 90–100°C eine Entfernung des Arsens von 40 bis 50% erzielt wurde.

3.2.1.2 Eigene Versuche und Ergebnisse

Aus den stark voneinander abweichenden Ergebnissen der Arbeiten [23] und [24] kann man erkennen, daß sich schon Erze aus einer Lagerstätte, die jedoch an verschiedenen Stellen entnommen sind, in bezug auf Auslaugbarkeit stark unterscheiden können. Noch abweichender könnten sich Erze anderer Lagerstätten verhalten. In dieser Arbeit soll das Auswaschen des Salzgitter-Erzes mit einem Gehalt von 0,103% Arsen untersucht werden.

Es wurden jeweils 100 g Erz mit einer Körnung von 5 mm für 2 Stunden mit 500 ml Lauge (5, 10 bzw. 50%iger Kalilauge und 5 bzw. 10%iger Natronlauge) unter natürlicher Zirkulation der Lauge bei 90°C ausgewaschen. Nach dem Filtrieren ist der Arsengehalt des ausgelaugten Erzes und der Lauge bestimmt worden. Es ergibt sich eine Entfernung des Arsens beim Auswaschen mit 5, 10 bzw. 50%iger Kalilauge von 31,6, 31,5 bzw. 39,7%, beim Auswaschen mit 5 bzw. 10%iger Natronlauge erreicht man eine Entarsenisierung von 33,4 bzw. 35,2%.

Der niedrige erreichbare Entarsenisierungsgrad sowie die hohen Preise der zur Auslaugung verwendeten Chemikalien lassen diese Methode ohne Berücksichtigung der noch anfallenden Verfahrenskosten als wenig aussichtsreich erscheinen.

3.2.2 Entarsenisierung durch Vorreduktion mit festem oder gasförmigem Reduktionsmittel

3.2.2.1 Literatur

F. N. AGALECKIJ und V. P. ONOPRIENKO [25] haben Versuche zur Behandlung eines Kerč-Erzes in der Wirbelschicht mit Generatorgas gefahren. Das Erz hat 0,10–0,12% Arsen. Durch Behandlung des Erzes bei 600°C für 10 Minuten konnten 20% des Arsens entfernt werden, und bei Erhöhung der Temperatur auf 900°C ist ein Entarsenisierungsgrad von 24% in 10 Minuten erreicht worden.

P. T. DANIEL'ČENKO [26] hat das Problem des Arsens im Kerč-Erz mit 0,11–0,14% Arsen untersucht und festgestellt, daß dieses Element je nach Ort des Abbaues des Erzes in zwei Formen auftritt:

1. In fünfwertiger Form als Eisenarsenat (Skorodit $FeAsO_4 \cdot n\,H_2O$)
2. In dreiwertiger Form als Eisenarsenit ($FeAsO_3 \cdot n\,H_2O$)

wobei die letzte Form sehr schnell bei der Berührung mit dem Luftsauerstoff oxydiert und in Eisenarsenat übergeht. Bei Verfolgung der Bewegung des Arsens vom Erz über das Konzentrat und das Agglomerat bis zum Roheisen und Stahl hat der Verfasser festgestellt, daß das Eisenarsenat bei der Anreicherung des Erzes ins Konzentrat übergeht, was zur Folge hat, daß sich der Arsengehalt um 0,02–0,04% erhöht. Beim Glühen des Erzes verringert sich der Arsengehalt nur wenig, so wurde z. B. nach dem Glühen bei 800–850°C eine Herabsetzung des Arsengehaltes von 0,185 auf 0,148% festgestellt. Im Betrieb konnte beim Sintern des Erzes ein Entarsenisierungsgrad von 30% erreicht werden. Im Agglomerat befindet sich das Arsen in dreiwertiger Form: Mehr als die Hälfte als Eisenpyroarsenit, der Rest als Eisenarsenit, beide gehen durch Oxidation in Eisenarsenate über. Beim Sintervorgang geht das Arsen mit dem Eisen eine feste Verbindung ein und wird beim folgenden Hochofenprozeß ins Roheisen und danach in den Stahl übergeführt. Die folgenden Zahlen resümieren das Dargestellte.

Stoff	Roherz	Konzentrat	Agglomerat	Roheisen
Arsengehalt in %	0,11–0,14	0,12–0,17	0,10–0,11	0,14–0,18

P. T. DANIEL'ČENKO, V. F. KOVTUN und A. G. LAGUTINA [27] haben an Hand von Versuchen mit Eisenarsenat ($FeAsO_4 \cdot 4\,H_2O$) und Arsenit, die Arsenträger im Kerč-Erz sind, festgestellt, daß das Arsen bei der Erwärmung dieser Verbindungen bei 900 bis 1050°C an der Luft sowie in Gemisch mit Kohle im Strom von Wasserdampf oder Kohlensäure, in Arsentrioxid übergehen, wobei das letztere verflüchtigt wird. Als feste Reaktionsprodukte bleiben Eisenoxide mit weniger als 0,05% Arsen übrig. Eine schnelle Entfernung des Arsentrioxiddampfes aus der Versuchsatmosphäre ist erforderlich, um zu vermeiden, daß es wieder mit den Eisenoxiden reagiert und stabile Verbindungen bildet.

Bei Versuchen mit Kerč-Erz im Gemisch mit 6–10% Kohle im Strom von Wasserdampf und Kohlensäure konnten die Verfasser bei 900–1050°C einen Entarsenisierungsgrad von 80 bis 90% erreichen, auch hier mußte die Entfernung des Arsentrioxid schnell vonstatten gehen, was durch Erhöhung der Strömungsgeschwindigkeit der durchströmenden Gase auf 50 l/Minute je 1 kg der Charge erreicht wurde.

J. KLÄRDING [28] hat in seiner ausführlichen Besprechung des Schrifttums über die Entarsenisierung der Eisenerze die chemischen Gesetzmäßigkeiten der Arsenverflüchtigung aus oxidischen Eisenerzen beschrieben. Das Arsen ist in Form von metallischem Arsen und Arsentrioxid flüchtig. Das Arsenpentoxid schmilzt je nach Modifikation verschiedenartig und zerfällt bei der Verdampfung zu Arsentrioxid und Sauerstoff. Das

Arsentrioxid ist leichter als das metallische Arsen zu verdampfen. Der Dampfdruck des metallischen Arsens steigt erst oberhalb 500°C stark an, während der Dampfdruck des Arsentrioxids bereits oberhalb 300°C mit der Temperatur stärker zunimmt [29–31]. Isotherme Abbaukurven an Mischungen von Eisenoxiden mit 10% Arsenpentoxid bei 800–900°C ergaben keine Abweichungen gegenüber Abbaukurven der reinen Eisenoxide. Demnach gehen die Arsenoxide mit den Eisenoxiden keine bei diesen Temperaturen als beständig zu bezeichnende Verbindung ein. Die Arsenoxide werden leicht zu metallischem Arsen reduziert und alsdann bei erhöhten Temperaturen von dem in feiner Verteilung vorliegenden Metall aufgenommen. Die Reduktion des Arsentrioxids geht bereits durch Einwirkung des metallischen Eisens bei schwacher Rotglut vor sich:

$$As_2O_3 + 3\ Fe \rightarrow 3\ FeO + 2\ As$$

Das gebildete Arsen wird vom metallischen Eisen gelöst, deswegen soll bei der Entarsenisierung die Metallbildung vermieden werden, solange das Erz noch Arsen enthält.

I. V. IZVEKOV [32] hat bei seinen Entarsenisierungsversuchen Kerč-Erz mit 0,13% Arsen und künstlich hergestellten Eisenarsenverbindungen, wie sie in der Natur im Erz vorkommen ($Fe_2O_3 \cdot As_2O_3$ mit 42,9% Arsen und $Fe_2O_3 \cdot As_2O_3$ mit 38,5% Arsen) benutzt. Der Verfasser stellte fest, das erst ab 800°C eine Entarsenisierung stattfindet. Die Versuche wurden mit verschiedenen Gasgemischen durchgeführt, wobei sich herausgestellt hat, daß Wasserdampf mit einem CO/CO_2-Gemisch (27/73) oder einem CO/CO_2-Gasgemisch (38/62) unter gleichzeitigem Zusatz von 10% Koks zum Erz bei 900°C die beste Entarsenisierung ergab. Leider ist in der Arbeit der Wasserdampfanteil und die Wasserdampfmenge sowie der Entarsenisierungsgrad nicht angegeben worden.

V. P. ONOPRIENKO und A. E. LEBEDEV [33] haben bei ihren Versuchen zum Sintern von Konzentraten aus Kerč-Eisenerzen festgestellt, daß der Entarsenisierungsgrad im Sinterprozeß mit der Erhöhung der Basizität der Charge sinkt. Sie erklären es damit, daß durch die Einführung von Kalkstein in die Sintercharge eine Erhöhung des CO_2-Gehaltes im Gas, das man beim Sintern erhält, stattfindet, was die Hemmung der Reaktion

$$As_2O_5 + 2\ CO \rightarrow As_2O_3 + 2\ CO_2$$

zur Folge hat. Das entsprechende As_2O_3 wird bei der hohen Sintertemperatur verflüchtigt und geht in die Gasphase über.

W. RUFF und E. SCHEIL [34] haben bei ihren Untersuchungen mit arsenhaltigen Eisenerzen aus Djebel Anini (Nord-Afrika) und Kerč-Erz und auch mit Eisenarsenaten festgestellt, daß von den Eisen-Arsen-Verbindungen, die in Eisenerzen vorkommen, das Eisenarsenat und Eisenarsenit durch einfaches Glühen nicht auszutreiben sind, während niedrigoxidische Verbindungen, darunter Eisenarsenit zu entfernen sind. Sie schlagen die Reduktion des Eisenarsenats und -arsenits des Erzes durch Reduktion mittels Kohlenoxid zu Eisenarsenit und die Zerlegung des Eisenarsenits mittels Kohlensäure in Eisenoxid und flüchtiges Arsen vor. Nach Ansicht der Verfasser konnten beide Vorgänge getrennt, hintereinander oder mit einem Gasgemisch erreicht werden. Die beste Entfernung des Arsens konnte bei 900°C und durch ein CO/CO_2-Gasgemisch im Verhältnis 40/60% bei den untersuchten Djebel-Anini-Erzen erreicht werden, der Arsengehalt ist von 0,73 auf 0,035% gesunken.

S. SATO [35] hat Versuche zur Entfernung des Arsens aus Kokaido-Limonit-Erzen, die Arsengehalte von 1,9 und 5,12% haben, durchgeführt. Durch Behandlung des bis unter

100 mesh zerkleinerten Erzes mit einem Gasgemisch, bestehend aus 5% CO, 15% CO_2 und 80% N_2 bei 900°C, konnte das Arsen bis 97% in 20 Minuten entfernt werden. Eine Erhöhung des Kohlenmonoxidgehaltes des Gasgemisches von 5 auf 10% verbessert die Entfernung nicht, es wurden nur 95% des Arsens dabei entfernt. Der Verfasser empfiehlt das Erz nur bis zur Magnetitstufe zu reduzieren, um die beste mögliche Entfernung zu erreichen.

B. P. Selivanov u. a. [36] haben das Verhalten des Arsens in arsenhaltigen Eisenerzen und Arsenverbindungen in Abhängigkeit von Temperatur und verwendeten Gasgemischen untersucht. Dabei haben die Verfasser festgestellt, daß die Anwesenheit des gasförmigen Chlors im Gasgemisch keine Entarsenisierung hervorruft, sondern daß sich bei gleichzeitiger Gegenwart von Feuchtigkeit das flüchtige Arsentrioxid in das nicht flüchtige Pentoxid umwandelt:

$$As_2O_3 + 2\ H_2O + 2\ Cl_2 \rightarrow As_2O_5 + 4\ HCl$$

Weiter haben die Verfasser festgestellt, daß der Arsengehalt bei der Behandlung unter verschiedenen Gasatmosphären beim Erwärmen auf 800°C zu sinken anfängt, bei 900°C ein Minimum erreicht und bei Temperaturen darüber wieder höher bleibt. Bei der Behandlung mit einem Gasgemisch H_2/CO (50/50) verläuft die Arsenentfernung wenig wirkungsvoll, was damit zu erklären ist, daß eine teilweise Reduktion zu Eisen und eine Absorption des reduzierten Arsens durch das metallische Eisen stattfindet. Die Behandlung des Kerč-Erzes mit 5–10% Kokszugabe bei 900°C und mit Gasgemischen aus 25–40% CO und 75–60% CO_2 oder mit Wasserstoff ergab die besten Ergebnisse, dabei ist der Arsengehalt von 0,13 auf 0,03% gesunken.

In zwei Deutschen Patenten [37, 38] wird vorgeschlagen, heiße Gase z. B. Siemens-Martin- oder Tiegelofenabgase, und danach brennbare Gase, z. B. Koksofen-, Feucht- oder Wassergas durch das Erz zu leiten, wobei das Erz durch die Abgase auf 700–900°C erhitzt und nach ein- oder mehrmaliger Behandlung von einem großen Teil des Arsengehaltes befreit wird.

In einem anderen Deutschen Patent [39] ist vorgeschlagen, das bis auf Grießkorngröße zerkleinerte Erz, mit 7,5–10% ebenfalls bis zu gleicher Körnung zerkleinertem Petrolkoks zu mischen und bei Temperaturen von 550 bis 700°C in einer Saugzugsinteranlage zu erhitzen. Dabei wird das Arsen zum größten Teil entfernt.

W. Mathesius und Th. Dieckmann [40] konnten in ihren Versuchen durch Reduzieren mittels Wasserstoff bei 400°C und anschließendem Oxidieren mittels Kohlensäure bei 1000°C das Arsen aus einem kleinasiatischen Erz von 1,88 auf 0,04%, aus einem Magneteisenerz unbekannter Herkunft von 0,8% auf weniger als 0,01% und aus Kerč-Erzen von 0,17 auf 0,013% entfernen.

3.2.2.2 Eigene Versuche und Ergebnisse

In dieser Arbeit werden verschiedene Verfahren zur Entarsenisierung von Eisenerzen erprobt, um eine Aussage über die wirksamsten Bedingungen für die Entarsenisierung zu ermöglichen. Es standen zwei arsenhaltige Eisenerze zur Verfügung: Ein Salzgitter-Erz, dessen chemische Zusammensetzung in Tab. 1 und Siebanalyse in Tab. 2 wiedergegeben sind, und ein türkisches Eisenerz, dessen chemische Zusammensetzung aus Tab. 3 zu entnehmen ist.

3.2.2.2.1 Entarsenisierung durch Vorreduktion mit festem Reduktionsmittel

Das Erz wurde bis < 5 mm Körnung gemahlen und mit dem jeweiligen Zusatz von Koks < 1 mm Körnung (6, 8 oder 10%) gut gemischt. Dieser Zusatz sollte das Erz nur bis zur Fe_3O_4/FeO-Reduktionsstufe reduzieren, um zu vermeiden, daß die Arsen- bzw.

Arsenoxiddämpfe sich mit dem reduzierten Eisen verbinden. In einem Pythagorastiegel (44/38 mm Durchmesser, 150 mm lang) im Tammanofen wurden 100 g Erz auf die Versuchstemperatur erhitzt. Über dem stehenden Ofen wurden die Gase durch eine Sauganlage (Saugstärke 0,3 cbm/Sekunde) abgesaugt. Die Versuchsergebnisse sind in den Tab. 4 und 5 wiedergegeben, wobei bei dem Salzgitter-Erz bei 950°C und einer Versuchszeit von 60 Minuten ein Entarsenisierungsgrad von 40 bis 57% erreicht wurde. Bei dem türkischen Erz waren 6% Kokszusatz und 1000°C die günstigsten Bedingungen für die Entarsenisierung, der Entarsenisierungsgrad lag bei 70-90%. Die Ergebnisse sind mit den Ergebnissen der bisherigen Arbeiten vergleichbar.

3.2.2.2.2 Entarsenisierung durch Vorreduktion mit gasförmigem Reduktionsmittel

Bei diesen Versuchen wurde darauf geachtet, daß das Erz bei der Entarsenisierung nur bis zur Wüstit-Magnetit-Stufe reduziert wurde, deswegen wurde ein CO/CO_2-Gasgemisch (15/85) gewählt, das das Erz nicht weiter als bis zu dieser Stufe bei den Versuchstemperaturen (950-1000°C) reduzierte. Das Gasgemisch wurde durch ein Tonderohr von 8 mm Innendurchmesser unter das Erz geleitet, der Gasdurchsatz betrug 2,7 l/Minute. Für die Versuche wurden Pythagorastiegel (44/38 mm Durchmesser, 150 mm lang) benutzt. In den Tiegel wurde ein mit einem zentrischen Loch versehene Filterplatte eingesetzt. Durch das Loch wurde das oben erwähnte Tonderohr eingeführt und die Ringspalte zwischen Rohr und Platte sowie Tiegel und Platte gasdicht verschmiert. Das Erz wurde in den Tiegel über der Filterplatte eingefüllt. Das Gasgemisch strömt durch die Filterplatte und das Erz. Der Tiegel mit Inhalt wurde im Tammanofen auf die Versuchstemperatur erhitzt und anschließend mit der Einleitung des Gasgemisches begonnen. Bei dem Salzgitter-Erz wurde nach 30, 60 bzw. 90 Minuten bei 950°C ein Entarsenisierungsgrad von 30, 40 bzw. 33% erreicht. Die Behandlung des türkischen Erzes bei 1000°C ergab einen Entarsenisierungsgrad von 73 bis 91%. Dieses Verfahren kann auch unter Verwendung von Hochofengas, Generatorgas oder leicht reduzierenden Gasen, die im Betrieb als Nebenprodukt anfallen, benutzt werden.

3.2.3 Entarsenisierung durch magnetisches Rösten

3.2.3.1 Literatur

S. K. GREBNEV [41] hat durch die Anwendung eines röstmagnetisierenden Anreicherungsverfahrens, das auf der Reduktion des Erzes bei 800°C bis zur Fe_3O_4—FeO-Stufe durch Verwendung von Generatorgas oder Kohlenstaub als Reduktionsmittel und einer magnetischen Anreicherung des Röstproduktes beruht, einen Entarsenisierungsgrad von 70% innerhalb von 90 Minuten Röstzeit erreicht. Der Verfasser empfiehlt dieses Verfahren im rotierenden Ofen anzuwenden und das Erz auf 1,0-1,5 mm Körnung zu mahlen.

A. T. GERASIMOV, P. A. TAČIENKO und P. P. JUROV [42] haben Versuche im großtechnischen Maßstab durchgeführt, um den Eisengehalt des Kerč-Erzes durch ein röstmagnetisches Verfahren zu erhöhen und den Arsengehalt zu verringern. In einem 30 m langen rotierenden Rohrofen mit einem Durchmesser von 1,85 m wurde das auf 0,8 mm zerkleinerte Erz bei 680, 770, 880, 900 und 910°C geglüht und entweder durch Zusatz von feinem Koks oder gasförmigem Reduktor bis auf die Oxidstufe Fe_3O_4—FeO reduziert. Anschließend wurde das geglühte Erz gemahlen und über einen Magnetscheider geleitet, wobei die Erzbeimengungen ausgeschieden wurden. Dadurch nahm der Eisengehalt im Erz von 37 auf 52% zu und der Arsengehalt von 0,13 auf 0,07% ab.

Ähnliche Versuche nach diesem Prinzip sind in den Arbeiten [43–52] mit Erfolg durchgeführt worden.

Da bei diesem Verfahren der erste technologische Schritt identisch mit dem unter »Entarsenisierung durch feste und gasförmige Reduktionsmittel« oben erwähnten Verfahrens ist, während beim zweiten Schritt das magnetische Trennen erfolgt, ist auf dieses Verfahren als Ganzes mit Versuchen nicht näher eingegangen worden.

3.2.4 Entarsenisierung durch chlorierendes Rösten

3.2.4.1 Literatur

E. M. BRITVIN [53] hat bei Sinterversuchen festgestellt, daß durch Erhöhung des Kokszusatzes von 5 auf 12% der Entarsenisierungsgrad beim Kerč-Erz von 44,5 auf 56% erhöht wird. Durch einen Zusatz von 2 bis 5% Chlorkalk in die Charge vergrößert sich die Arsenentfernung bis auf 60%, um sich jedoch bei weiterer Steigerung des Chlorzusatzes langsam wieder zu verringern und bei 10–15% Chlorkalkzusatz auf 36% zu sinken. Dieser Zusatz von Chlorkalk basiert auf der Möglichkeit, Bedingungen zur Bildung der flüchtigen Verbindung Arsentrichlorid zu schaffen. Die starke Verringerung der Beseitigung des Arsens im Falle der Steigerung des Chlorkalkgehaltes erklärt der Verfasser damit, daß sich in diesem Fall günstigere Bedingungen für die Bildung von Kalziumarsenat und -arsenit ergeben, die im vollen Umfang im Agglomenat verbleiben.

E. MAZANEK und R. BENEŠ [54] haben bei ihren Untersuchungen zur Entarsenisierung von arsenhaltigen Eisenerzen Natriumchlorid der Sintercharge zugesetzt, wobei sie bei einem Zusatz von 3% eine Entarsenisierung von 70 bis 80% erreicht haben.

V. A. SOROKIN und F. V. BULGAKOV [55] haben bei ihren Untersuchungen zur Entarsenisierung des Kerč-Erzes durch Zusätze von Chlorkalk in die Sintercharge keine positive Wirkung erreicht. Die Verfasser führen es darauf zurück, daß Chlorkalk bei Temperaturen, die für seine Reaktion mit dem Arsen nicht ausreichen, Chlor abspaltet. Weiter führen die Verfasser den Mißerfolg der Versuche, das Arsen durch Zusätze von Kochsalz zur Charge zu entfernen, auf die Beständigkeit dieses Salzes zurück. Deswegen schlagen sie als chlorierendes Mittel eine Mischung aus Sylvinit [(Na, K) Cl] und Magnesiumsulfat als Zusatz zur Charge beim Sintern vor. Bei Erwärmung der Mischung von Natrium- und Kaliumchlorid mit dem wasserhaltigen Magnesiumsulfat bilden sich in der festen Phase Magnesiumoxid, Sulfate der Alkalimetalle und in der gasförmigen Phase Salzsäure nach der Formel (1).

$$MgSO_4 + 2\,NaCl + H_2O \rightarrow MgO + Na_2SO_4 + 2\,HCl \qquad (1)$$

Der Dissoziationsgrad der Chloride erreicht bei 700°C 72–90%. In Anwesenheit einer Mischung von Luft und Wasserdampf als Gasphase zersetzt sich der gasförmige Chlorwasserstoff durch Oxidation teilweise zu freiem Chlor. Durch Zusatz einer Mischung aus 46% Sylvinit und 54% Magnesiumsulfat in einer Menge von 2,5% zur Sintercharge erreichten die Verfasser bei einem Koksverbrauch von 5 bis 7,5% einen Entarsenisierungsgrad von 72,5%. Eine Erhöhung des Zusatzes von 2,5 auf 5% erhöht den Entarsenisierungsgrad bis auf 80%, weitere Erhöhung des Zusatzes bis auf 7,5% brachte keinen besseren Entarsenisierungsgrad, der dann sogar bei 75% lag.

3.2.4.2 Eigene Versuche und Ergebnisse

Es standen als chlorierende Mittel Natriumchlorid und Natrium-Kaliumchlorid (Sylvinit) mit 21,5% K, 24,2% Na und 51,3% Cl zur Verfügung. Das Erz wurde bis <1 mm gemahlen, genauso das Chlorierungsmittel und der Koksstaub. Bei den Versuchen mit Sylvinit wurde eine Mischung aus 54% Magnesiumsulfat und 46% Sylvinit verwendet.

Das Erz (Salzgitter-Erz), das Chlorierungsmittel (3% Kochsalz bzw. der eben genannten Mischung) und der Koksstaub (8%) wurden gut zusammengemischt und im Pythagorastiegel in einem Tammanofen bei 950°C 60 Minuten gehalten. Bei den Ergebnissen ist keine Verbesserung der Entarsenisierung im Vergleich zu den Versuchen ohne diese Zusätze festzustellen (siehe 3.2.2.2.2). Auch die Ergebnisse der Arbeiten [53] und [55] mit chlorierenden Mitteln beweisen im Vergleich zu den Versuchen unter den gleichen Bedingungen aber ohne chlorierende Zusätze, z. B. die Arbeit [25], keine bemerkenswerte Verbesserung der Entarsenisierung.

3.2.5 Entarsenisierung durch Brennen von Pellets

3.2.5.1 Literatur

Es ist ein Verfahren [46] zur Entarsenisierung von oxidischen Erzen, Flugstäuben, Kiesabbränden u. a. entwickelt worden, nach welchem das Erz in einer Wirbelschicht oder in Pelletform in einem Drehrohrofen oder Schachtofen bei Temperaturen über 500°C am besten bei 900–1100°C in einem Gemisch aus Wasserstoff/Wasserdampf, das durch Stickstoff oder Kohlensäure verdünnt sein kann, vorreduziert wird. Die Abgase sollen ein Wasserstoff/Wasserdampf-Verhältnis von 1:20, am besten 1:100 bis 1:1000 haben. Dadurch ist ein Entarsenisierungsgrad von 99% erreicht worden.

Ein anderes Verfahren [57, 58] beruht auf dem Pelletisieren der feinen Erze nach deren Mahlen und Sieben bis <0,2 mm Korngröße, die Teile über 5 mm werden unverändert den Pellets zugesetzt. Bei Erzen, die grüne Pellets ohne genügende Standfestigkeit ergeben, sollen festigkeitserhöhende Zusätze z. B. Bentonit, Wasserglas und dergleichen zugegeben werden. Den Erzen sollen als Reduktionsmittel 1–4% Pyrit und als Brennstoff 1–4% Anthrazit, oder dementsprechende größere Mengen minderwertiger Brennstoffe zugesetzt werden. Die Pellets werden mit 10–15 mm Durchmesser hergestellt, der Feuchtigkeitsgrad beträgt 16%. Die Pellets werden bei 900–950°C in einem Drehrohrofen gebrannt, dabei wird der Arsengehalt von 1,7 auf 0,05% und von 0,86 auf 0,015% herabgesetzt.

3.2.5.2 Eigene Versuche und Ergebnisse

Da viele Erze einen großen Feinanteil haben, z. B. Salzgitter-Erz mit mehr als 50% mit der Körnung unter 1 mm, auch durch Aufbereitung gewonnene Konzentrate, Hochofenstaub usw., sind sie in diesem Zustand für den Hochofen ungeeignet und müssen vor ihrem Einsetzen in den Hochofen stückig gemacht werden. Das Pelletisieren ist eines der geeignetsten Verfahren um dieses Feinmaterial einsatzfähig für den Hochofen zu machen, und wenn es mit dem Entarsenisierungsprozeß gekoppelt würde, könnte man die beiden Ziele mit einem Arbeitsgang erreichen.

Das Feinerz (<0,2 mm) wurde bei den hier durchgeführten Versuchen mit Koksstaub gleicher Körnung gut gemischt und auf dem Pelletisierteller zu Pellets mit 10–15 mm Durchmesser verarbeitet. Bei den Voruntersuchungen hat sich herausgestellt, daß 10 Minuten Brennzeit bei 950°C fast die gleichen Ergebnisse wie eine Brennzeit von 90 Minuten liefern (Tab. 6). Es wurden 2 kg Pellets im Muffelofen bei 900, 950 und 1000°C gebrannt. In einer anderen Versuchsreihe wurde der oben verwendeten Mischung 1,8% Sägemehl <0,2 mm Körnung als ausbrennbarer Zusatz zugefügt, um die Gasdurchlässigkeit und die Porosität der Pellets zu verbessern.

Durch das Pelletisieren des Salzgitter-Erzes und das Brennen der Pellets bei 900°C für 10 Minuten bot sich die beste Möglichkeit zur Entarsenisierung dieses Erzes, wobei der Entarsenisierungsgrad bei 70% liegt. Durch Zusatz von Sägemehl zu den Pellets aus

Salzgitter-Erz hat sich wider Erwarten der Entarsenisierungsgrad verschlechtert und lag zwischen 20 und 30%.

Gegensätzlich zu den Pellets aus Salzgitter-Erz verhalten sich die Pellets aus dem türkischen Erz durch Zusatz von Sägemehl. Der Entarsenisierungsgrad ist von 15 auf 83–90% gestiegen. In den Tab. 7 und 8 sind die Ergebnisse zusammengestellt.

Die außerordentlich vielversprechenden Ergebnisse dieser wenigen Versuche lassen es zweckmäßig erscheinen, in dieser Richtung breit angelegte Versuchsreihen durchzuführen.

4. Die Verteilung des Arsens zwischen Blei- und Eisenschmelzen und ihre Beeinflussung durch andere Zusatzelemente

4.1 Theorie

Eine Möglichkeit zur Senkung des Gehaltes eines Legierungselementes im Stahl sieht die Ausnutzung des Lösungsvermögens für dieses Legierungselement von jenen metallischen Schmelzen vor, die sich kaum in Eisenschmelzen lösen, die aber in der Lage sind, das in den Eisenschmelzen enthaltene Legierungselement herauszuwaschen, wobei sich beim Erreichen des Verteilungsgleichgewichts die jeweiligen Aktivitäten des in beiden Phasen verteilten Elementes ausgleichen. Für ein erfolgreiches Waschverfahren ist daher zu fordern, daß für das auszuwaschende Element (C) in der zu reinigenden Phase (A), in diesem Falle also in der Eisenschmelze, eine Entmischungstendenz und in der Waschmetallphase (B) eine Verbindungsbildungstendenz besteht. Dies bedeutet bei Betrachtung der Aktivitätsverläufe, daß im Falle des Gleichgewichtes, also bei gleicher Aktivität, in der Waschphase B eine weit größere Konzentration des Stoffes C als im System A–C in der zu reinigenden Phase A vorhanden ist.

Selbstverständlich ist eine gewisse Auswaschung möglich, wenn in beiden Phasen Tendenz zur Entmischung oder auch Verbindungsbildung herrschen, doch muß stets – bei gleichen Konzentrationen betrachtet – die Aktivität des gelösten Stoffes in der zu reinigenden Phase größer sein. Besonders günstig gestalten sich die Verhältnisse, wenn in der zu reinigenden Phase A durch ein weiteres Legierungselement, wie z. B. Kohlenstoff, Silizium oder Phosphor in Eisen, eine gegebene Neigung zur Entmischung verstärkt, d. h. die Aktivität von C erhöht wird.

Bei der Verteilung des Stoffes C auf beide Phasen spielt aber auch die Temperatur eine große Rolle. Mit fallender Temperatur nimmt allgemein die Neigung zur Entmischung zu, und bei Legierungen mit einer Tendenz zur Verbindungsbildung verstärkt sich diese. Dies bewirkt einen steileren Aktivitätsverlauf im System A–C und einen flacheren im System B–C und damit eine Verminderung der Konzentration von C in A und eine Erhöhung der Konzentration von C in B.

In diesem Sinne gewinnt ein weiteres Legierungselement im zu waschenden Metall A (z. B. der genannte Kohlenstoff in der Eisenschmelze) nicht dadurch alleine an Bedeutung, daß es möglicherweise die vorhandene Neigung zur Entmischung verstärkt, sondern auch dadurch, daß es den Schmelzpunkt des Metalles A erniedrigt und somit die wirkungsvollere Auswaschung bei tiefen Temperaturen ermöglicht.

Beim Eisen ist allgemein der Arsengehalt so gering, daß für die Abhängigkeit der Aktivität von der Konzentration das für stark verdünnte Lösungen zutreffende Henrysche

Gesetz gilt; daher kann die Verteilung des Stoffes C auf die beiden Phasen A und B, entsprechend dem Nernstschen Verteilungssatz, durch die Verteilungszahl $L_C = \dfrac{\% [C]_A}{\% [C]_B}$ zum Ausdruck gebracht werden. Damit liefert die Verteilungszahl ein Kriterium zur Beurteilung des Wascheffektes und eine Grundlage zu seiner Berechnung.

Theoretisch ist eine gegenseitige Beeinflussung der Verteilung vorhanden, wenn gleichzeitig mehrere Metalle in beiden Phasen A und B auftreten, doch dürfte diese Beeinflussung bei den im Betrieb vorkommenden kleinen Gehalten gering sein.

H. SCHENCK und W. SPIECKER [59] haben nach diesem Prinzip die Verteilung von Kupfer und Zinn zwischen flüssigem Eisen und Blei untersucht. W. OELSEN, E. SCHÜRMANN und G. HEINRICHS [60] haben die Verteilung von Kupfer, Zinn, Arsen, Antimon, Silber und Gold zwischen Bleischmelzen und kohlenstoffgesättigten Eisenschmelzen untersucht.

In dieser Arbeit soll die Verteilung des Arsens zwischen Blei- und Eisenschmelzen, ihre Beeinflussung durch andere Zusatzelemente und die Möglichkeit, arsenhaltige Eisenschmelzen zwecks Entfernung des Arsens durch Blei auszuwaschen, untersucht werden.

4.2 Versuchsdurchführung

Die Versuche wurden in einem Tammanofen durchgeführt. Die Schmelzen aus kohlenstoffgesättigtem Eisen wurden im Graphittiegel und die Schmelzen aus Elektrolyteisen im Magnesiatiegel geschmolzen. Für die kohlenstoffgesättigten Eisenschmelzen wurden schwedische Schienen mit der Zusammensetzung 0,004% Si, 0,006% Mn, 0,005% P, 0,011% S und 0,095% O_2 in einem Mittelfrequenzofen geschmolzen, mit Kohle gesättigt und bei 1250°C das Arsen zulegiert. Für die Versuche mit Elektrolyteisen wurde das Arsen einmal dem geschmolzenen Elektrolyteisen und zum anderen dem geschmolzenen Blei zulegiert. Das Gleichgewicht zwischen den beiden Phasen (Eisen und Blei) sollte von beiden Seiten, d. h. durch Versuche mit arsenhaltigem Blei und arsenhaltigem Eisen, erreicht werden.

Um den Einfluß der Elemente Mangan, Schwefel und Phosphor auf die Verteilung des Arsens zu bestimmen, wurden diese Elemente dem kohlenstoffgesättigten Eisen in verschiedenen Gehalten zulegiert. Die jeweilige Versuchstemperatur wurde mit einem Pt-PtRh-18-Thermoelement gemessen und für 1 Stunde gehalten. Bei den Versuchen mit kohlenstoffgesättigtem Eisen wurde bei 1250°C geschmolzen und bei den Versuchen mit Elektrolyteisen bei 1600°C. Es hat sich gezeigt, daß eine Versuchszeit von 1 Stunde für die Gleichgewichtseinstellung ausreichend ist.

Es wurden 150 g Eisen geschmolzen und nach Erreichen der Versuchstemperatur (1250°C bei kohlenstoffgesättigtem Eisen, 1600°C bei Elektrolyteisen und 1500°C bei den Versuchen mit 1,5, 3 und 4,3% C) wurden 150 g Hüttenblei mit 99,98% Reinheitsgrad zugefügt. Während der ersten 10 Minuten der einstündigen Versuchszeit wurde die Schmelze unter ständigem Rühren gehalten, dann wurde der Tiegelinhalt nach Ablauf des Versuchs auf eine kalte Kupferplatte abgegossen; durch die Neigung der Platte konnten die Phasen gut voneinander getrennt werden.

4.3 Versuchsergebnisse

Bei dem reinen System Fe—Pb—As nimmt bei 1600°C L_{As} mit steigendem Arsengehalt zu (Abb. 1 sowie Tab. 9 und 10). Die im Gleichgewicht stehenden Arsengehalte von Eisen und Blei sind Abb. 2 sowie Tab. 9 und 10 zu entnehmen.

Bei dem System Fe—Pb—C—As nimmt L_{As} bei 1500°C mit steigendem Kohlenstoffgehalt der Schmelze ab (Abb. 3 und Tab. 11). Bei kohlenstoffgesättigten Eisenschmelzen ist bei 1250°C L_{As} mit ~ 20 im allgemeinen kleiner als bei Elektrolyteisen und 1600°C. Beim System Fe—Pb—C—Mn—As und 1250°C nimmt L_{As} mit steigendem Mangangehalt ab (Abb. 4 und Tab. 12). Dagegen ist eine leichte Zunahme von L_{As} bei jeweils 1250°C im System Fe—Pb—C—S—As mit wachsenden Mengen an Schwefel (Abb. 5 und Tab. 13) und eine stärkere Zunahme im System Fe—Pb—C—P—As mit steigenden Phosphorgehalten (Abb. 6 und Tab. 14) zu beobachten.

5. Versuche über das Verhalten des Arsens beim Frischen

5.1 Literatur

Bei Versuchen zum Verblasen des Roheisens aus Kerč-Erzen im Konverter mit seitlich eintretendem Sauerstoff haben V. I. FEDEROVIČ u. a. [61] das Verhalten des Arsens während des Frischprozesses beobachtet. Das Wesentliche dieses Verfahrens läuft darauf hinaus, daß zu Beginn des Schmelzprozesses ein Aufblasen in horizontaler und nicht in senkrechter Stellung des Konverters erfolgt. Das Aufblasen in horizontaler Stellung des Konverters dauert einige Minuten, in deren Verlauf die Kalk-Eisenschlacke gebildet wird, danach erfolgt die Entkohlung, was am günstigsten beim Durchblasen in senkrechter Stellung geschieht. Dabei erzielt man eine tiefe Entphosphorung des Metalls bei einem verhältnismäßig hohen Endgehalt an Kohlenstoff, ohne Verwendung von Flußspat. Außerdem fallen dabei als Düngemittel verwendbare Phosphorschlacken an.

Die Analyse der Resultate der Untersuchung des Verhaltens des Arsens im Metall der Versuchsschmelzen weist darauf hin, daß sowohl der Anfangs- als auch der Endgehalt an Arsen im Metall der Versuchsschmelzen praktisch unverändert bleibt. Dagegen zeigt sich eine Änderung des Arsengehaltes im Verlauf des Durchblasens; in der Mitte der Durchblasperiode erreicht das Arsen minimale Werte. Der Mechanismus der Arsenentfernung wird folgendermaßen gedeutet. Zu Beginn des Durchblasens wird durch die Berührung des Metalls mit der stark oxydierenden Gasphase das Arsen zusammen mit den Konvertergasen entfernt und geht teilweise in die Schlacke über. Der Abbrand des Eisens geht weiter, während die Entfernung des Arsens aus dem Metall aufhört. Im Endergebnis nimmt in der zweiten Hälfte des Durchblasens der relative Gehalt an Arsen im Metall ständig zu und erreicht am Ende des Schmelzprozesses ungefähr den Ausgangsgehalt.

S. I. FILIPPOV, T. Z. ARASTYNBAEV und G. S. SOROVOEV [62] haben die Vorgänge beim Frischen von Stahlschmelzen im Labordrehofen untersucht. In einem Induktionsofen mit 2 kg Fassungsvermögen wurden arsenhaltige Eisenschmelzen durch abwechselndes Auf- und Durchblasen von Sauerstoff gefrischt. Dabei wurde der Ofen gedreht. Der Sauerstoffverbrauch betrug von 3 bis 10 l/Minute. Die Umdrehungsgeschwindigkeit des Ofens lag zwischen 0–16 U/Minute. Die Verfasser führen an, daß sich durch dieses Verfahren die Möglichkeit zeigt, eine wesentliche Herabsetzung des Arsengehaltes in der Schmelze zu erreichen. Diese Angabe wird durch die in der Arbeit gezeigten Abbrandkurven nicht eindeutig bestätigt.

P. P. ARSENTEV und S. I. FILIPPOV [63] sowie P. P. ARSENTEV, V. V. JAKOVLEV und S. I. FILIPPOV [64] haben die Möglichkeit der Entfernung des Arsens beim Frischen des Roheisens von Kerč in einem Induktionsofen und in einem Versuchsdrehofen untersucht und als günstig für die Entfernung des Arsens beim Frischen des Kerč-Roheisens folgende Bedingungen gefunden:

1. Die Entarsenisierung verläuft günstig, solange der Kohlenstoffgehalt der Schmelze über 2,2% liegt.
2. Es ist eine intensive Zuführung des Sauerstoffs in das Metallbad erforderlich, damit die Entwicklung einer großen Reaktionsfläche und ein energisches Durchmischen des Metalls gewährleistet werden und ein Ausgleich der Arsenkonzentration im Metallinnern und der Reaktionszone begünstigt wird.
3. Auf der Schmelze soll keine Schlacke liegen.

Die Verfasser schlagen vor, zur Verhütung einer wiederholten Erhöhung des Arsengehaltes während der zweiten Hälfte der Schmelzperiode, die durch das Abbrennen des Eisens und den Übergang des Arsens aus der Schlacke und der feuerfesten Ausmauerung des Ofens wieder in das Bad erfolgen könnte, den Prozeß bei niedrigerer Intensität der Sauerstoffzuführung und mäßiger Temperatur zu führen.

Der bei den obigen Untersuchungen zwar nicht eindeutig zu Tage getretene Einfluß eines erhöhten Kohlenstoffgehalts auf den Entarsenisierungsvorgang soll nun unter eindeutigen Bedingungen, d. h. vor allem bei einer definierten und während des gesamten Frischvorganges annähernd konstanten Kohlenstoffkonzentration untersucht werden. Eine konstante Kohlenstoffkonzentration ist experimentell am einfachsten bei Kohlenstoffsättigung zu halten.

5.2 Versuchsdurchführung

Die Versuche wurden in einem Tammanofen gefahren. Die Schmelze bestand aus kohlenstoffgesättigtem arsenhaltigem Eisen mit folgender Zusammensetzung:

% C	% Si	% Mn	% P	% S	% O_2	% As
4,7	0,004	0,006	0,005	0,011	0,095	0,56
						0,67
						1,12

Es wurden 300 g Material geschmolzen. Damit der Kohlenstoffgehalt während des Versuchs in der gewünschten Grenze blieb, wurde – im Gegensatz zu den Versuchen in den Arbeiten [63, 64], wo Magnesiumoxid und Schammottetiegel verwendet wurden – die Schmelze in einem Graphittiegel geschmolzen und zwischen den Auf- und Durchblasperioden mit einem Graphitstab gerührt. Der Reaktionstiegel aus Graphit wurde in einen Pythagorastiegel eingesetzt, und dieser im Kohleheizrohr des Tammanofens befestigt, damit das Kohleheizrohr vor Abbrand während des Sauerstoffblasens geschützt war. Die Schmelze wurde auf 1300 °C erhitzt und dann Sauerstoff für je 1 bis ½ Minute in einer Menge von 1 l/Minute abwechselnd auf- und durchgeblasen. Anschließend wurde eine Probe für die Bestimmung des Arsengehaltes der Schmelze entnommen und danach zur wiederholten Aufkohlung die Schmelze für 10 Minuten mit einem Graphitstab gerührt und eine Probe für die Bestimmung des Kohlenstoffgehaltes entnommen. Die 10 Minuten, während deren die Schmelze im Graphittiegel mit einem Graphitstab gerührt wurde, genügten jedenfalls zur Aufrechterhaltung des Kohlenstoffgehaltes der Schmelze über 4%. Das Auf- bzw. Durchblasen wurde drei-, vier- bzw. fünfmal wiederholt, so daß die Gesamtfrischdauer 9, 12 bzw. 15 Minuten betrug.

5.3 Versuchsergebnisse

Der Arsengehalt der Schmelze hat sich durch den Frischvorgang des hohen Kohlenstoffgehaltes der Schmelze praktisch nicht geändert (Tab. 15). Dies gilt sowohl für Schmelzen mit höherem Arsengehalt (Versuche 7 und 8 mit 1,12% Arsen) wie für solche mit niedrigem Arsengehalt (Versuche 2 und 6 mit 0,56% Arsen).

5.4 Diskussion der Versuchsergebnisse

In der erwähnten Arbeit von P. P. Arsentev und S. I. Filippov [63] ist der Versuch unternommen worden, die kritischen Konzentrationen des Arsens festzustellen, unterwelcher eine starke Verlangsamung der Oxidation des Arsens im Roheisen während des Frischens zu beobachten ist. Die kritische Konzentration beträgt 13,5%. Die Konzentration des Arsens im Roheisen während des Frischprozesses liegt weit unterhalb des kritischen Wertes. Bei der mit Reaktionsprodukten der Oxidation des Arsens (As_2O_3) gesättigten Schlackenschicht kann der Oxidationsprozeß leicht in einen Reduktionsprozeß übergehen, wobei ein Übergang des Arsens in das Metall aus der Schlackenphase und dem feuerfesten Material des Tiegels stattfindet. Es hat nach den Ergebnissen der Arbeiten [61, 64] und der vorliegenden Arbeit praktisch keine Entarsenisierung stattgefunden, obwohl in den letzten Versuchen die vorgeschlagenen Bedingungen von [63, 64] für eine mögliche Entarsenisierung durch Frischen genau eingehalten worden sind. Man kann als Schlußfolgerung sagen, daß das Arsen wegen seiner höheren kritischen Konzentration von 13,5% aus dem Eisen durch Frischen nicht entfernt werden kann.

6. Das Verhalten von arsenhaltigen Eisenschmelzen unter Vakuum

6.1 Literatur

Das Erschmelzen von Metallen unter Vakuum gewinnt eine stetig zunehmende technische Bedeutung. Besonders in der Metallurgie des Eisens und der Eisenlegierungen sind Großanlagen zur Behandlung von Stahl unter Vakuum eingeführt worden [65, 66]. Da der Dampf des reinen Arsens bei 616°C 760 Torr beträgt, liegt es nahe, das Arsen durch eine Vakuumbehandlung aus dem Stahl zu entfernen. W. A. Fischer [67] hat die Theorie des Verdampfungsvorganges von flüchtigen Komponenten aus Eisenschmelzen weiterentwickelt und den Verteilungskoeffizienten K_B für ein gelöstes Element B in einer Schmelze durch Gleichung (1) bestimmen können.

$$\ln \frac{y}{y_0} = (1/K_B - 1) \cdot \ln l \qquad (1)$$

Hierin bedeuten:

- y = die Konzentration des Elementes B in der Schmelze zu einem beliebigen Zeitpunkt t
- y_0 = die Ausgangskonzentration des Elementes B in der Schmelze

$K_B = \dfrac{[C_B]}{\{C_B\}}$, wobei $[C_B]$ = Konzentration des Elementes in der Schmelze ist

$\{C_B\}$ = Konzentration des Elementes B im Dampf

l = die Menge der Schmelze

Dabei wird angenommen, daß der Dampf durch Abpumpen oder Kondensation am kalten Tiegelrand und an den Ofenwänden dauernd von der Schmelze entfernt wird. Durch die Kenntnis des K-Wertes kann man aussagen, wie sich das Begleitelement beim Vakuumschmelzen verhalten wird. Für $K < 1$ nimmt der Gehalt des Begleitelementes in der Schmelze ab, für $K = 1$ bleibt er unverändert und für $K > 1$ nimmt er zu. Durch K kann man noch bestimmen, wie die Menge der Schmelze sich ändert, wenn z. B. y_0 auf einen bestimmten Bruchteil herabgesetzt sein soll.
Unter Verwendung von Daten aus einer Untersuchung von M. Olette [68] berechnete W. A. Fischer [67] nach Gleichung (1) den Verteilungskoeffizienten K_{As}. Durch die Auftragung von $\log \dfrac{\% \text{ As}}{\% \text{ As}_0}$ gegen $\log l$ bekommt er aus der Steigung der Geraden einen Wert für K_{As} von 0,3.
Bei den Versuchen von W. A. Fischer und A. Hoffmann [69] wurden für K_{As} Werte von 0,08 bis 0,67 mit einem Mittelwert bei 0,31 festgestellt, der mit dem Wert der Versuche von M. Olette übereinstimmt.
Bei den Versuchen von W. A. Fischer und M. Derenbach [70] wurden für K_{As} Werte zwischen 0,20 und 0,33 mit einem Mittelwert von 0,28 ermittelt.
Diese ermittelten K_{As}-Werte, die alle kleiner als 1 sind, lassen erkennen, daß eine Entfernung des Arsens aus Eisenschmelzen möglich ist.
Die Entarsenisierungsversuche durch Vakuum von W. A. Fischer und A. Hoffmann [69, 71] wurden größtenteils im Magnesiatiegel bei einem Druck von 10^{-3} bis 10^{-5} Torr bei 1600°C vorgenommen. Bei sehr niedrigen Gehalten von 0,002 und 0,008% Arsen konnte nach 7 Stunden eine Entarsenisierung von 50% erzielt werden. Bei Ausgangsgehalten von 0,01 bis 0,22% Arsen betrug die Abnahme im Mittel nach 1 Stunde Schmelzdauer 8%, nach 3 Stunden 28% und nach 7 Stunden 70% vom Ausgangsgehalt. Es wurde ferner festgestellt, daß weder der Kohlenstoffgehalt noch der Sauerstoffgehalt einen Einfluß auf den Entarsenisierungsprozeß ausüben.
Bei Versuchen mit Roheisen und Schienenstahl aus Kerč-Erzen von M. A. Geršgorn, V. D. Konkin und G. A. Klemešov [72] bei Drücken von 10^{-2} bis 10^{-3} Torr bei 1570 bis 1650°C und bei Drücken von 2 bis 3 Torr bei 1375–1450°C ist zu ersehen, daß der Entarsenisierungsgrad fast gleich ist. Die angeführten Versuchsergebnisse dieser Arbeit sind in sich widerspruchsvoll, so daß auf eine weitere Wiedergabe von Einzelheiten verzichtet wird.
T. Tottori und M. Ejima [73] haben die Möglichkeit der Entfernung des Arsens durch Vakuum und ihre Beeinflussung durch Zinn, Silizium, Phosphor und Kupfer bei 1600°C und 7,6–0,85 · 10^{-5} Torr untersucht. Bei Ausgangsgehalten von 0,46 bis 0,47% Arsen konnte in 1 Stunde ein Entarsenisierungsgrad von 27% und in 2 Stunden von 30% erreicht werden. Zinn und Kupfer haben praktisch keinen Einfluß gezeigt, während Silizium und Phosphor die Extraktion begünstigen. Bei einem Siliziumgehalt von 3,2 bis 3,8% und einem Arsengehalt von 0,48 bis 0,65% war der Entarsenisierungsgrad nach 1 Stunde 50,5%, bei 0,1–0,3% wurde ein Entarsenisierungsgrad von 36,5% in 1 Stunde erreicht; bei niedrigeren Gehalten von 0,9 bis 1,5% Silizium hat sich der Extraktionsgrad auf 18,4% in 1 Stunde verschlechtert. Bei Phosphorgehalten von 1,22

bis 1,67% wurde in 1 Stunde ein Extraktionsgrad von 46,6% und in 2 Stunden von 56,4% erreicht.

Das Ziel der vorliegenden Arbeit ist es, die Abhängigkeit des Extraktionsgrades des Arsens von der Zeit sowie den Einfluß von Kohlenstoff, Silizium und Phosphor auf den Extraktionsgrad zu bestimmen. Ferner soll die Entarsenisierung von technischen Roheisen und Stahl durch Vakuum untersucht werden.

6.2 Versuchsdurchführung

Die Versuche dieser Arbeit wurden in einem Vakuuminduktionsofen durchgeführt. Die Versuche 3 und 6 wurden in Alsinttiegeln (40 mm Außen- und 36 mm Innendurchmesser) vorgenommen. Die Versuche 11–16, 21–25, 27–31, 33–35, 42, 43 und 46 wurden in Magnesittiegeln (50 mm Außen- und 44 mm Innendurchmesser) durchgeführt. Für die Versuche 44 und 45 wurden Siliziumdioxidtiegel mit 51 mm Außen- und 36 mm Innendurchmesser verwendet. Die Tiegelhöhe betrug bei allen Versuchen 60 mm. Diese Tiegel wurden in Graphittiegel von 62 mm Außendurchmesser, 110 mm Höhe und einem Innendurchmesser, der um 1 mm größer war als der Außendurchmesser des jeweiligen Arbeitstiegels, eingesetzt, um bei den geringen Einsatzgewichten von 400 g eine bessere Leistungsaufnahme zu gewährleisten. Die Graphittiegel wurden dann in einen gesinterten Magnesiatiegel eingesetzt.

Das Einschmelzen im Vakuumofen erfolgte unter Argon bei einem Druck von 1500 Torr, um eine vorzeitige Verdampfung auszuschließen. Nach eineinhalb Stunden war das Einsatzmaterial flüssig und die Temperatur auf 1600°C bzw. 1300°C eingeregelt. Die Ausgangsproben wurden entnommen und der Ofen bis zu einem Druck von $3 \cdot 10^{-2}$ Torr evakuiert, der bei allen Versuchen über die gesamte Versuchszeit gehalten wurde.

Die Temperatur der Schmelzen wurde mit einem Pt-PtRh-18-Thermoelement über eine Eintauchvorrichtung, die von außen bedient werden konnte, gemessen und durch die Einstellung der Leistung geregelt.

Die Versuche 3, 6, 11–16 und 21–24 wurden mit einem Material durchgeführt, dessen Analyse der Tab. 16 zu entnehmen ist. Zur jeweiligen Verringerung des Arsengehaltes wurde diesem Einsatzmaterial Reineisen, das nach dem Kohlenstoff-Reduktionsverfahren unter Vakuum im Magnesiatiegel hergestellt worden war, zugesetzt. Als Einsatzstoff für die Versuche 36–39 und 42 wurde bei 1300°C kohlenstoffgesättigtes Material verwendet, dessen Analyse der Tab. 17 zu entnehmen ist. Die Zusammensetzung des Einsatzmaterials der Versuche 25, 27–31 und 33–35 ist in Tab. 18 und die der Versuche 43–46 in Tab. 19 wiedergegeben.

6.3 Auswertung der Ergebnisse

Die Ergebnisse werden wie folgt ausgewertet:
Man trägt für verschiedene Ausgangsgehalte As_0 die für die Zeiten t erhaltenen Arsengehalte As_t in Form von $(As_t/As_0) \cdot 100$ über As_0 auf. Die entsprechenden Werte sind der Tab. 20 zu entnehmen. Sie wurden in Abb. 7 graphisch dargestellt.

Aus der Steigerung der für jeweils konstante Zeiten in Abb. 7 eingezeichneten Ausgleichsgeraden ist zu entnehmen, daß der Arsenanfangsgehalt einen Einfluß auf die Entarsenisierung hat, denn bei einem geringeren Anfangsgehalt an Arsen wurde im gleichen Zeitraum ein größerer Extraktionsgrad erreicht als bei einem höheren Anfangsgehalt.

Mit Hilfe der in Abb. 7 angegebenen Geraden ist es möglich, die ungefähre zeitliche Abnahme des Arsengehaltes für verschiedene Ausgangsgehalte unter den jeweiligen konstanten Versuchsbedingungen vorauszubestimmen.

6.4 Erörterung der Versuchsergebnisse

Bei der Vakuumbehandlung nehmen die Arsengehalte im allgemeinen mit der Zeit ab. Bei den Versuchen mit technisch reinem Eisen (schwedische Schienen) nahm der Arsengehalt im Mittel nach 1 Stunde um 19%, nach 2 Stunden um 35%, nach 3 Stunden um 64%, nach 4 Stunden um 75% und nach 7 Stunden um 90% ab; wobei hervorzuheben ist, daß der Extraktionsgrad bei niedrigeren Ausgangsgehalten im allgemeinen größer ist als bei höheren. Abb. 8 zeigt die zeitliche Abnahme der As-Gehalte; die entsprechenden %-As-Werte können aus den Ergebnissen von Tab. 20 errechnet werden.
Es ist bemerkenswert, daß der Extraktionsgrad des Arsens beim Entarsenisieren im Magnesiatiegel für kohlenstoffgesättigte Schmelzen besser ist, als für kohlenstoffarme Schmelzen. Entarsenisiert man jedoch bei Kohlenstoffsättigung im Graphittiegel, so erhält man nach den ersten 2 Stunden einen Extraktionsgrad von 20%, der aber mit einer weiteren Behandlung viel langsamer zunimmt (Abb. 9; Tab. 21–23).
Wie aus Tab. 24 zu ersehen ist, ergaben Versuche mit Schmelzen mit 0,2% Phosphor einen besseren Entarsenisierungsgrad als ohne Phosphor. Der gleichzeitige Einfluß von Phosphor und Kohlenstoff wurde in einer Schmelze mit 0,2% Phosphor und 2% Kohlenstoff geprüft. Es wurde ein schlechterer Extraktionsgrad erzielt als bei Schmelzen mit 0,2% Phosphor, ein besserer jedoch als bei Schmelzen ohne Phosphor und Kohlenstoff. Umgekehrt ist es bei Siliziumzusatz; durch Zusatz von 2% Silizium erhält man eine Verbesserung des Extraktionsgrades, der bei Zusatz von 2% Silizium und 2% Kohlenstoff noch weiter erhöht wird. Ähnliche Ergebnisse sind in der Arbeit [73] gefunden worden.
Die Versuche mit technischem Roheisen zeigten eine im Vergleich zu den Versuchen mit arsenhaltigen Reineisenschmelzen bessere Entarsenisierung (Tab. 25). Auch Versuche mit technischen Stahlschmelzen (Versuch 29–35) haben gute Ergebnisse erzielt (Tab. 25).

7. Zusammenfassung

Es wurden Versuche zur Entarsenisierung von Eisenerzen, Roheisen und Stahl durchgeführt, wobei:

1. Durch Vorreduktion eines Salzgitter-Erzes mit 0,103% Arsengehalt mit festem Reduktionsmittel (8% Koksstaub) oder gasförmigem Reduktionsmittel (CO/CO_2-Gasgemisch 15/85) bei 950°C erzielt man einen Entarsenisierungsgrad von 34 bis 57,5%, und beim Vorreduzieren eines türkischen Erzes mit 0,365% Arsengehalt mit festem Reduktionsmittel (6% Koksstaub) oder gasförmigem Reduktionsmittel (CO/CO_2-Gasgemisch 15/85) ergab sich ein Entarsenisierungsgrad von 70 bis 91%.
2. Das Pelletisieren des Salzgitter-Erzes mit einem Zusatz von 8% Koksstaub und Brennen der Pellets bei 900°C hat sich als die beste Entarsenisierungsmöglichkeit für dieses Erz erwiesen, dabei beträgt der Entarsenisierungsgrad 72%.

Das Pelletisieren des türkischen Erzes mit einem Zusatz von 8% Koksstaub und 1,8% Sägemehl als ausbrennbarer Zusatz hat zu einem Entarsenisierungsgrad von 83 bis 90% geführt.

3. Durch Vakuumbehandlung von arsenhaltigen Eisenschmelzen unter $3 \cdot 10^{-2}$ Torr bei 1600°C wurde ein Entarsenisierungsgrad von 19% nach 1 Stunde, von 35% nach 2 Stunden, von 64% nach 3 Stunden, 75% nach 4 Stunden und 90% nach 7 Stunden erreicht.

Aus der Darstellung der Versuchsergebnisse in Form von $(As_t/As_0) \cdot 100 = f(As_0)$ lassen sich mit Hilfe der für jeweils konstante Zeiten eingezeichneten Ausgleichgeraden die ungefähren zeitlichen Abnahmen der Arsengehalte für gegebene Anfangsgehalte unter den bestehenden Versuchsbedingungen vorausbestimmen.

Es ist festgestellt worden, daß die Elemente Kohlenstoff, Phosphor und Silizium, die Entarsenisierung der Eisenschmelzen unter Vakuum begünstigen.

4. Durch Auswaschen des Salzgitter-Erzes mit 5, 10 bzw. 50%iger Kalilauge wurde ein Entarsenisierungsgrad von 31,6, 31,5 bzw. 39,7% und mit 5 bzw. 10%iger Natronlauge ein Entarsenisierungsgrad von 33,4 bzw. 35,2% erreicht.

5. Das chlorierende Rösten bringt keine Verbesserung der Entarsenisierung im Vergleich mit der Vorreduktion mit festem oder gasförmigem Reduktionsmittel.

6. Ein Auswaschen des Arsens aus arsenhaltigen Eisenschmelzen mit Bleischmelzen ist nicht zweckmäßig, da der Verteilungskoeffizient As_{Fe}/As_{Pb} sehr groß ist.

7. Durch das Frischen von kohlenstoff- und arsenhaltigen Eisenschmelzen, wobei der Kohlenstoffgehalt über 4% gehalten wurde, konnte kein Arsen aus dem Bad entfernt werden.

8. Literaturverzeichnis

[1] Iron Steel Inst., London (Bibliographical Series, Nr. 4, Teil I, London 1937).
[2] KÖRBER, F., und G. HAUPT, Arch. Eisenhüttenwes. 12 (1938), S. 81–89.
[3] DOROCHOV, V. I., V. A. SAVČENKOV, U. S. GOVOR und T. B. SKOBLO, Stal' in Deutsch, 5 (1965), S. 470–476.
[4] AUSTIN, G. W., A. R. ENTWISLE und G. C. SMITH, J. Iron Steel Inst. 173 (1953), S. 376 bis 386.
[5] VOLCHOVJANSKAJA, E. S., Stahl aus Kerč-Erzen. Akad. Wiss. UdSSR, Inst. Metal., 1962, S. 44–61.
[6] STARODUBOV, K. F., und V. V. KALMYKOV, Stal' in English (1960), S. 844–847.
[7] SIDEL'KOVSKIJ, M. P., Dissert., Inst. für Eisenbahntransport, Moskau (1956).
[8] SIDEL'KOVSKIJ, M. P., Vortrag vor der Konferenz über das Frischen von Stahl am 22. 11. 1953 in Moskau.
[9] NOVROCKIJ, I. V., V. I. BAGUZIN und YU. S. TOMENKO, Stal' in Deutsch 5 (1965), S. 476 bis 478.
[10] MAR'JANOVSKAJA, T. S., A. G. NIKONOV und L. L. PINCHUSOVIČ, Stahl aus Kerč-Erzen. Akad. Wiss. UdSSR, Inst. Metal., 1962, S. 85–95.
[11] KURMANOV, M. T., und T. F. FILLIPOVA, Stal' in English (1960), S. 511–515.
[12] KAZANCEV, I. G., G. G. LUKAŠOV, JA. S. GORBANEV, L. P. TARASOVA und N. F. SAPELKIN, Stal' in English (1963), S. 962/63.
[13] KASATKIN, B. S., Stal' (1956), S. 624–629.
[14] SKOL'NIK, L. M., Stal' 16 (1956), S. 548–553.
[15] KRASOVSKIJ, A. I., M. M. KRAJČIK, V. L. KOTEL'NIKOV und V. A. KUZNECOV, Stahl aus Kerč-Erzen. Akad. Wiss. UdSSR, Inst. Metal. (1962), S. 62–76.
[16] HOUDREMONT, E., H. BENNEK und H. NEUMEISTER, Techn. Mitt. Krupp A. (1938), S. 105 bis 115. Siehe auch Arch. Eisenhüttenwes. 12 (1938), S. 91–101.
[17] NIKITINA, O. I., Izvestija Akademii Nauk SSSR, OTN, Reihe Physik (1955), S. 188/90.
[18] DEMAKOVA, A. V., L. P. TARASOVA und Z. I. BARANOVA, Stal' in English (1960), S. 920 bis 923.
[19] GOLDSCHMIDT, H. J., und W. M. HAM, J. Iron Steel Inst. 202 (1964), S. 347–355.
[20] KAZARNOVSKAJA, D. S., und T. M. RAVICKAJA, Izvestija Akademii Nauk SSSR, OTN, Metallurgie und Brennstoffe, 1959, Nr. 4, S. 15–27.
[21] KAL'NER, D. A., Stal' in English (1963), S. 903–905.
[22] KAZANCEV, F. G., G. G. LUKAŠOV, M. T. BUL'SKIJ, L. P. TARASOVA und N. F. SAPELKIN, Stal' in English (1961), S. 282–285.
[23] BRITVIN, E. M., Doklady Akademii Nauk SSSR, von der Tagung über die Kerč-Metallurgie Kerč-Kamys-Burun 1958, S. 107–114.
[24] VASJUTINSKIJ, N. A., und L. I. VASJUTINSKAJA, Ž. Prikl. Chim. SSSR 38 (2), 1965, S. 252–257.
[25] AGALECKIJ, F. N., und V. P. ONOPRIENKO, Technologija proizvodstva: svojstva černych metallov, Ukr. Naučn.-issled. Inst. Metal., Charkov, Bd. 7 (1961), S. 81–90 Metallurgizdat.
[26] DANIEL'ČENKO, P. T., Doklady na Soveščanii po kerčskoj metallurgii Krymizdat, Simferopol (1958), Fiziko-Chimija kerčskich železnych rud. S. 73–76 und S. 93–95.
[27] DANIEL'ČENKO, P. T., V. F. KOVTUN und A. G. LAGUTINA, Izvestija Akademii Nauk SSSR, OTN, Nr. 4 (1959), S. 8–14.
[28] KLÄRDING, J., Arch. Eisenhüttenwes. 14 (1941), S. 473.
[29] KELLEY, K. K., Bl. Bur. Mines Nr. 383 (1935), 3, S. 110.
[30] SMITS, A., und E. BELJAARS, Pr. Acad. Amsterdam 34 (1931), S. 1141–1155.
[31] SCHULMANN, J. H., und W. C. SCHUMB, J. Am. Soc. 65 (1943), S. 878–883.
[32] IZVEKOV, I. V., Učenye Zypiski, Orechovo-Zuevskij Pedagogičeskij, Inst., Bd. IV (1957), S. 131–135.
[33] ONOPRIJENKO, V. P., und A. E. LEBEDEV, Technologija proizvodstva i svojstva černych metallov, Ukr. Naučn.-Issl. Inst. Metal., Charkov, Bd. 6 (1960), S. 23–33 Metallurgizdat.

[34] RUFF, W., und E. SCHEIL, Stahl u. Eisen 52 (1932), S. 1193.
[35] SATO, S., Tetsu to Hagané 45 (1959), S. 783–788.
[36] SELIVANOV, B. P., S. A. POGODIN, A. A. ZVJAGIN, E. JA. LIFŠIC und M. JA. DŽEMS-LEVI, Soobščenija vsesojuznogo Inst. Metallov. (1931), S. 54–67.
[37] Deutsches Patent 304 119 vom 12. April 1924.
[38] Deutsches Patent 586 078 vom 18. Oktober 1933.
[39] Deutsches Patent 961 632 vom 11. April 1957.
[40] MATHESIUS, W., und TH. DIECKMANN, Stahl u. Eisen 33 (1913), S. 1207/1208.
[41] GREBNEV, S. K., Sbornik Trudov. Nauč.-Issledovatel. Gornorud. Inst. Ukr. SSR, Nr. 1 (1957), 420–427.
[42] GERASIMOV, A. T., P. A. TAČIENKO und P. P. JUROV, Doklady na Soveščanii po Kerčenskoj Met. (1958), S. 153–164.
[43] GREBNEV, S. K., Gornyj žurnal, Nr. 4 (1956).
[44] GREBNEV, S. K., Izučenie i osvoenie Mineral. Boagtstv Kryma za gody Sovet. Vlasti, Akad. Nauk USSR, Inst. Mineral. resursov (1957), S. 104–128.
[45] KARAMAZIN, V. I., G. V. GUBIN, A. V. CYBENKO und A. M. KUČER, Metallurg 5 (1960), Nr. 1, S. 7–10.
[46] GUBIN, G. V., A. M. KUČER und G. G. NEVOJSA, Izvestija Akademii Nauk SSSR, OTN, Metallurgija i Toplivo (1961), N. 2, S. 3–12.
[47] POCHVISNEV, A. N., F. M. BAZANOV, E. F. VEGMAN und JU. S. JUSFIN, Stal' 21 (1961), S. 289–293.
[48] KARAMAZIN, V. I., Gosgortechizdat, Moskau (1962), S. 274–276.
[49] VASJUTINSKIJ, N. A., und G. G. NEVOJSA, Doklady Akademii Nauk SSSR, Bd. 141 (1961), S. 197–200.
[50] VASJUTINSKIJ, N. A., und L. I. VASJUTINSKAJA, Stal' 21 (1961), S. 584–586.
[51] Tschch. Patent 100 963 vom 15. September 1961.
[52] Deutsches Patent 873 252 vom 26. Februar 1953.
[53] BRITVIN, E. M., Doklady na Soveščanii po Kerčenskoj Met. (1958), S. 107–114.
[54] MAZANEK, E., und R. BENEŠ, Hutnik (1957), S. 45–47.
[55] SOROKIN, V. A., und F. V. BULGAKOV, Domenoe Proizvodstvo, Sbornik Statej (1958), S. 36–42.
[56] Deutsches Patent 1 134 400 vom 9. August 1962.
[57] Deutsches Patent 1 039 081 vom 18. September 1958.
[58] Deutsches Patent 1 050 782 vom 19. Februar 1959.
[59] SCHENCK, H., und W. SPIECKER, Arch. Eisenhüttenwes. 30 (1959), S. 641–648.
[60] OELSEN, W., E. SCHÜRMANN und G. HEINRICHS, Arch. Eisenhüttenwes. 30 (1959), S. 649–654.
[61] FEDEROVIČ, V. I., u. a., Doklady na soveščanii po Kerčenskoj metallurgii, Kerč, Kamysburun, 1958, S. 285–295.
[62] FILIPPOV, S. I., T. Z. ARASTYNBAEV und G. S. SOROVOEV, Isvestija Vysšich Učebnych Zavedenij, Černaja Metallurgija, 1960, Nr. 2, S. 10–14.
[63] ARSENTEV, P. P., und S. I. FILIPPOV, Izvestija Vysšich Učebnych Zavedenij, Černaja Metallurgija, 1962, Nr. 5, S. 25–33.
[64] ARSENTEV, P. P., V. V. JAKOVLEV und S. I. FILIPPOV, Isvestija Vysšich Učebnych Zavedenij, Černaja Metallurgija, 1962, Nr. 7, S. 19–26.
[65] TIX, A., Stahl und Eisen 76 (1956), S. 61–68.
[66] HARDERS, F., KNÜPPEL und K. BROTZMANN, Stahl und Eisen 76 (1956), S. 1721–1728.
[67] FISCHER, W. A., Arch. Eisenhüttenwes. 31 (1960), S. 1–9.
[68] OLETTE, M., Bericht des Institut de Recherche de la Sidérurgie, Märze 1959.
[69] FISCHER, W. A., und A. HOFFMANN, Arch. Eisenhüttenwes. 29 (1958), S. 339–349.
[70] FISCHER, W. A., und M. DERENBACH, Arch. Eisenhüttenwes. 35 (1964), S. 307–317.
[71] FISCHER, W. A., und A. HOFFMANN, Arch. Eisenhüttenwes. 30 (1959), S. 199–204.
[72] GERŠGORN, M. A., V. D. KONKIN und G. A. KLEMEŠOV, Dommenoe proizvodstvo, Sbornik statei (1959), S. 130–140.
[73] TOTTORI, T., und M. EJIMA, Tetsu to Hagané (1962), S. 1294/1295.

9. Anhang

a) Tabellen

Tab. 1   Chemische Zusammensetzung des Salzgitter-Erzes

Fe %	MnO %	SiO_2 %	Al_2O_3 %	CaO %	MgO %	As %	Glühverlust %	Nässe %	As/Fe %
29,5	0,99	24,4	7,99	4,19	1,69	0,103	12,9	3,25	$349 \cdot 10^{-5}$

Tab. 2   Siebanalyse des Salzgitter-Erzes

6 mm	3–6 mm	1,5–3 mm	1–3 mm	< 1 mm
5,9	15,1	17,1	10,8	51,1

Tab. 3   Chemische Zusammensetzung des türkischen Erzes

Fe %	SiO_2 %	Al_2O_3 %	S %	As %	Glühverlust %	As/Fe %
53,4	14,85	3,00	6,11	0,365	5,87	$683 \cdot 10^{-5}$

Tab. 4   Entarsenisierung von Salzgitter-Erz durch Vorreduktion mit festem Reduktionsmittel (Koksstaub)
Behandlungsdauer 60 Minuten bei 950°C, Ausgangsgehalt 0,103% Arsen

% Koks	10			6				8		
Arsenendgehalt %	0,044	0,053	0,056	0,044	0,052	0,056	0,053	0,062	0,060	0,059
Entarsenisierungsgrad %	57,5	49,0	46,0	57,5	49,0	46,0	49,0	40,0	42,0	43,0

Tab. 5   Entarsenisierung eines türkischen Eisenerzes durch Vorreduktion mit festem Reduktionsmittel (6% Koks < 1 mm)
$As_{Ausgang} = 0,365\%$, Zeit = 30 Minuten

Arsenendgehalt %	0,175	0,100	0,105	0,085	0,042	0,058	0,115	0,042	0,035	0,065	0,040
Entarsenisierungsgrad %	57,0	72,0	71,0	77,0	89,0	84,0	68,0	89,0	91,0	82,0	89,0
Temperatur °C	900	1000	1050	1000	1000	1000	1000	1000	1000	1000	1000

Tab. 6 Einfluß der Brennzeit auf die Entarsenisierung von Pellets aus Salzgitter-Erz
Brenntemperatur 950°C, As$_{Ausgang}$ = 0,103%

Brennzeit in Minuten	10	20	30	40	50	75	90
Arsengehalt %	0,060	0,062	0,063	0,060	0,061	0,061	0,058
Entarsenisierungsgrad %	42,0	40,0	39,0	42,0	41,0	41,0	44,0

Tab. 7 Einfluß der Brenntemperatur auf die Entarsenisierung von Salzgitter-Erz-Pellets und Pellets aus einem türkischen Eisenerz

(Pellets 10–15 mm Durchmesser, Zusatz 8% Koksstaub, Brennzeit 10 Minuten)

	Salzgitter-Erz				Türkisches Erz			
Temperatur °C	Arsenausgangsgehalt %	Arsenendgehalt %	% Fe$_{met}$ im Produkt	Entarsenisierungsgrad %	Arsenausgangsgehalt %	Arsenendgehalt %	% Fe$_{met}$ im Produkt	Entarsenisierungsgrad %
900	0,103	0,029	2,93	72,0	0,365	0,310	21,3	15,0
950	0,103	0,067	22,7	35,0	0,365	0,330	23,6	10,0
1000	0,103	0,087	27,9	17,0	0,365	0,370	23,6	0

Tab. 8 Einfluß des Zusatzes von Sägemehl auf die Entarsenisierung von Salzgitter-Erz und türkischem Eisenerz durch Pelletisieren und Ausbrennen der Pellets

(Pellets 10–15 mm Durchmesser, Zusatz 8% Kohlestaub und 1,8% Sägemehl, Körnung < 0,2 mm, Brenntemperatur 900°C, Brennzeit 10 Minuten)

Salzgitter-Erz			Türkisches Erz		
Arsenausgangsgehalt %	Arsenendgehalt %	Entarsenisierungsgrad %	Arsenausgangsgehalt %	Arsenendgehalt %	Entarsenisierungsgrad %
0,103	0,074	28,0	0,365	0,037	90,0
0,103	0,072	30,0	0,365	0,036	90,0
0,103	0,077	25,0	0,365	0,061	83,0
0,103	0,082	20,0	0,365	0,060	83,0

Tab. 9 Auswaschen von reinen arsenhaltigen Eisenschmelzen mit Blei

% Arsen im Eisen nach dem Versuch	% Arsen im Blei nach dem Versuch	$L_{As} = \dfrac{\% \ As_{Fe}}{\% \ As_{Pb}}$
0,12	0,014	8,7
0,13	0,016	8,1
0,70	0,026	26,9
0,815	0,029	28,0
0,85	0,029	29,3
0,92	0,031	29,6
2,08	0,044	47,2
3,38	0,052	63,1

Tab. 10 Auswaschen von arsenhaltigem Blei mit Elektrolyteisen

% Arsen im Blei vor dem Versuch	% Arsen im Blei nach dem Versuch	% Arsen im Eisen nach dem Versuch	$L_{As} = \dfrac{\% \ As_{Fe}}{\% \ As_{Pb}}$
1,16	0,0375	1,05	25,0
2,85	0,0475	2,71	56,5
2,85	0,051	2,71	54,1
5,04	0,078	4,825	62,1
5,04	0,075	4,615	61,5

Tab. 11 Auswaschen von kohlenstoffarsenhaltigen Eisenschmelzen mit Blei

% Arsen im Eisen nach dem Versuch	% Arsen im Blei nach dem Versuch	% Kohlenstoff im Eisen	$L_{As} = \dfrac{\% \ As_{Fe}}{\% \ As_{Pb}}$
1,115	0,0425	1,50	26,0
0,80	0,0315	3,00	25,0
0,73	0,035	4,67	20,0

Tab. 12 Mn-legiertes kohlenstoffgesättigtes arsenhaltiges Eisen mit Blei gewaschen

% Arsen im Eisen	% Mangan im Eisen	% Arsen im Eisen nach dem Versuch	% Arsen im Eisen nach dem Versuch	% Mangan im Blei nach dem Versuch	$L_{As} = \dfrac{\% \ As_{Fe}}{\% \ As_{Pb}}$	L_{As} Mittelwert
0,70	0,78	0,67	0,025	0,59	26,8	
0,70	0,78	0,68	0,022	0,47	30,9	29,5
0,70	0,78	0,68	0,022	0,68	30,9	
0,69	1,32	0,66	0,031	1,20	21,3	
0,69	1,32	0,67	0,023	1,22	29,1	24,6
0,69	1,32	0,66	0,028	1,25	23,5	
0,67	1,72	0,64	0,033	1,25	19,4	
0,67	1,72	0,64	0,032	1,59	20,0	18,6
0,67	1,72	0,63	0,036	1,72	17,5	

Tab. 13 S-legiertes kohlenstoffgesättigtes arsenhaltiges Eisen mit Blei gewaschen

% Arsen im Eisen vor dem Versuch	% Schwefel im Eisen vor dem Versuch	% Arsen im Eisen nach dem Versuch	% Arsen im Blei nach dem Versuch	% Schwefel im Eisen nach dem Versuch	$L_{As} = \dfrac{\%\ As_{Fe}}{\%\ As_{Pb}}$	L_{As} Mittelwert
0,63	0,57	0,60	0,034	0,37	17,7	
0,63	0,57	0,60	0,032	0,35	18,8	18,8
0,63	0,57	0,60	0,030	0,37	20,0	
0,615	0,93	0,58	0,031	0,47	18,7	
0,615	0,93	0,59	0,028	0,46	21,0	19,1
0,615	0,93	0,58	0,033	0,37	17,6	
0,585	1,20	0,55	0,027	0,50	20,4	
0,585	1,20	0,55	0,030	0,50	18,0	19,2

Tab. 14 P-legiertes kohlenstoffgesättigtes arsenhaltiges Eisen mit Blei gewaschen

% Arsen im Eisen vor dem Versuch	% Phosphor im Eisen vor dem Versuch	% Arsen im Eisen nach dem Versuch	% Arsen im Blei nach dem Versuch	% Phosphor im Eisen nach dem Versuch	$L_{As} = \dfrac{\%\ As_{Fe}}{\%\ As_{Pb}}$	L_{As} Mittelwert
0,67	0,74	0,64	0,029	0,68	22,0	
0,67	0,74	0,63	0,038	0,68	17,0	20,0
0,67	0,74	0,63	0,030	0,68	21,0	
0,68	1,17	0,65	0,029	1,16	22,0	
0,68	1,17	0,65	0,032	1,10	20,0	23,0
0,68	1,17	0,65	0,024	1,20	26,0	
0,67	2,05	0,65	0,024	1,84	26,0	
0,67	2,05	0,65	0,022	1,64	29,0	25,0
0,67	2,05	0,65	0,028	1,59	23,0	

Tab. 15 Frischversuche bei 90 Sekunden Aufblasen, 90 Sekunden Durchblasen, 10 Minuten Aufkohlenlassen

(O_2 1 l/Minute)

Element	nach 10 Minuten	nach 20 Minuten	nach 30 Minuten	nach 40 Minuten	nach 50 Minuten
As	0,68–0,67	0,65–0,67	0,68–0,69	0,67–0,66	
C	4,917	4,97	5,16	5,16	
As	0,56–0,57	0,64–0,64	0,67–0,67		
C	4,89	4,89	4,75		
As	0,67–0,66	0,67–0,68	0,67–0,68		
C	4,55	4,80	4,78		
As	0,68–0,67	0,64–0,64	0,67–0,67		
C	4,77	4,55	4,83		
As	0,60–0,61	0,64–0,63	0,61–0,62		
As	0,50–0,57	0,60–0,59	0,55–0,57	0,54–0,55	
As	1,12–1,09	1,13–1,11	1,00–0,97	1,09–1,09	
As	1,12–1,10	1,11–1,12	1,09–1,08	1,14–1,16	1,13–1,16

Tab. 16 Ausgangsmaterial für Versuche 3, 6, 11–16 und 21–24

% C	% Si	% Mn	% P	% S	% O_2	% As
0,018	0,004	0,006	0,004	0,011	0,095	ca. 0,90

Tab. 17 Ausgangsmaterial für Versuche 36–39 und 42

% C	% Si	% Mn	% P	% S	% O_2	% As
Sättigung bei 1300°C	0,004	0,006	0,004	0,011	0,01	ca. 0,65

Tab. 18 Ausgangsmaterial für Versuche 25, 27–31 und 33–35

Versuch Nr.	% C	% Si	% Mn	% P	% S	% As
25	3,86	1,20	0,94	0,137	0,024	0,63
27	4,15	1,29	0,83	0,139	0,023	0,16
28	1,93	0,60	0,47	0,068	0,012	0,31
29	0,17	0,80	0,47	0,020	0,012	0,69
30	0,08	0,40	0,23	0,010	0,006	0,35
31	0,15	0,12	0,45	0,120	0,013	0,65
33	0,07	0,06	0,22	0,460	0,006	0,33
34	0,16	0,10	0,46	0,820	0,012	0,16
35	0,15	0,80	0,41	0,015	0,013	0,15

Tab. 19 Ausgangsmaterial für Versuche 43–46

Versuch Nr.	% C	% Si	% Mn	% P	% S	% O_2	% As
43	0,018	0,004	0,006	0,200	0,011	0,095	0,79
44	0,018	2,00	0,006	0,004	0,011	0,095	0,79
45	2,00	2,00	0,006	0,004	0,011	<0,01	0,68
46	2,00	0,004	0,006	0,200	0,011	<0,01	0,73

Tab. 20

Versuch Nr.	As_0 %	\multicolumn{6}{c}{$As_t/As_0 \cdot 100$}					
		0	1 h	2 h	3 h	4 h	7 h
3	0,930	100	89,7	60,8	50,0	40,3	–
6	0,890	100	95,0	70,2	47,8	32,3*	–
24	0,870	100	–	–	26,4	–	1,38
11	0,475	100	81,1	58,0	36,9	24,2	–
12	0,460	100	88,0	65,3	54,4	34,8	–
23	0,425	100	–	–	24,7	–	–
13	0,265	100	73,6	56,6	37,8	32,1	–
14	0,260	100	76,0	38,5	30,4	11,9**	–
21	0,210	100	–	–	35,7	–	0,95
15	0,105	100	70,5	57,1	38,1	18,1	–
22	0,102	100	71,6	40,2	20,6	11,7	3,92
16	0,069	100	81,2	53,6	27,6	21,8	–

* berechnet
** nicht berücksichtigt

Versuche 36–39, 42

Einsatzmaterial: s. Tab. 17
Tiegelmaterial: Graphit, nur bei Versuch 42 MgO
Druck: $3 \cdot 10^{-2}$ Torr
Temperatur: 1300°C

Tab. 21

Zeit t (h)	Versuch 36		Versuch 37		Versuch 38	
	% Arsen	Extraktionsgrad %	% Arsen	Extraktionsgrad %	% Arsen	Extraktionsgrad %
0	0,63	–	0,63	–	0,34	–
2	0,47	25,3	0,49	22,1	0,24	29,4
4	0,44	33,3	0,46	26,8	0,23	32,3
7	0,41	34,8	0,44	33,3	0,23	32,3

Tab. 22

Zeit t (h)	Versuch 39 % Arsen	Extraktionsgrad %
0	0,31	–
2	0,26	16,2
4	0,25	19,3
7	0,24	22,5

Tab. 23

Zeit t (h)	Versuch 42 % Arsen	Extraktionsgrad %
0	0,630	–
2	–	–
4	0,028	96,0

Tab. 24 *Versuche 43–46*

Einsatzmaterial: s. Tab. 19
Tiegelmaterial: Versuche 43 und 46 SiO$_2$-Tiegel
Versuche 44 und 45 MgO-Tiegel
Druck: $3 \cdot 10^{-2}$ Torr
Temperatur: 1600°C

Zeit t (h)	Versuch 43 % Arsen	Extraktionsgrad %	Versuch 46 % Arsen	Extraktionsgrad %
0	0,790	–	0,730	–
2	0,310	61,0	0,460	37,0
5	0,080	90,0	0,180	75,3
7	–	–	0,085	91,4

Tab. 25 Versuche 25, 27–31, 33–35

Einsatzmaterial: s. Tab. 18
Tiegelmaterial: MgO-Tiegel
Druck: $3 \cdot 10^{-2}$ Torr
Temperatur: 1600°C

Zeit t (h)	Versuch 25 % Arsen	Extraktionsgrad %	Versuch 27 % Arsen	Extraktionsgrad %	Versuch 28 % Arsen	Extraktionsgrad %
0	0,590	–	0,160	–	0,300	–
2	–	–	0,085	47,0	0,150	50,0
3	0,044	92,5	–	–	–	–
4	–	–	0,046	68,4	0,052	82,8
6	0,010	98,3	–	..	–	–
7	0,007	98,8	0,008	95,0	0,033	89,0
	Versuch 29		Versuch 30		Versuch 31	
0	0,690	–	0,360	–	0,650	–
2	0,320	53,6	0,210	41,7	0,330	49,2
4	0,140	79,7	0,095	73,6	0,120	81,5
7	0,046	93,3	0,018	95,0	0,012	98,2
	Versuch 33		Versuch 34		Versuch 35	
0	0,330	–	0,150	–	0,150	–
2	0,200	39,3	0,095	36,7	0,085	43,4
4	–	–	0,053	64,7	0,040	73,4
7	0,015	95,5	0,012	92,0	0,015	90,0

b) Abbildungen

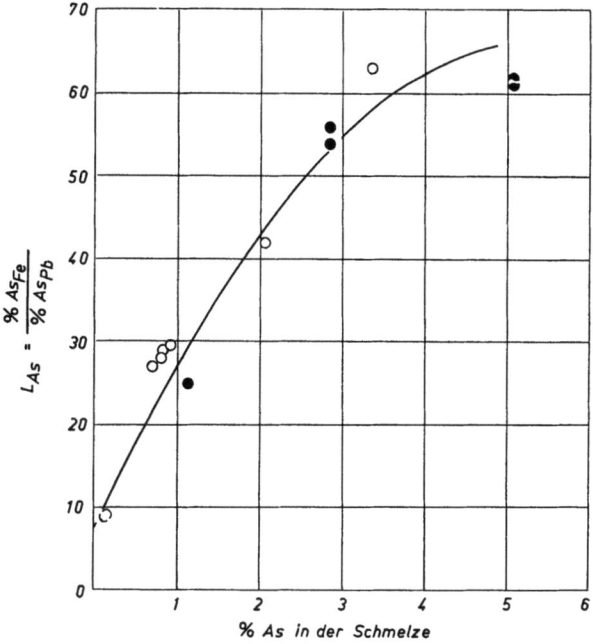

Abb. 1 Änderung der Verteilung des Arsens zwischen Eisen und Blei mit steigendem Arsengehalt
    a) ● Beim Auswaschen von arsenhaltigem Blei mit reinem Eisen
    b) ○ Beim Auswaschen von arsenhaltigem Eisen mit reinem Blei

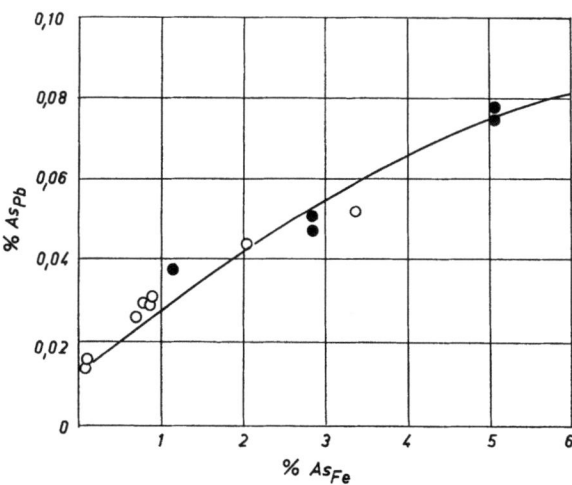

Abb. 2 Arsengehalt im Eisen und Blei beim gegenseitigen Auswaschen beider Schmelzen
    a) ● Arsenhaltiges Blei wurde mit Elektrolyteisen gewaschen
    b) ○ Arsenhaltiges Eisen wurde mit technisch reinem Blei gewaschen

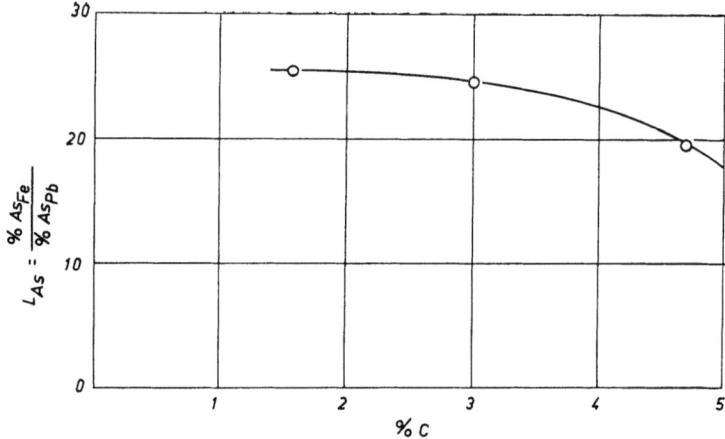

Abb. 3 Beeinflussung des Verteilungskoeffizienten L_{As} durch den Kohlenstoff

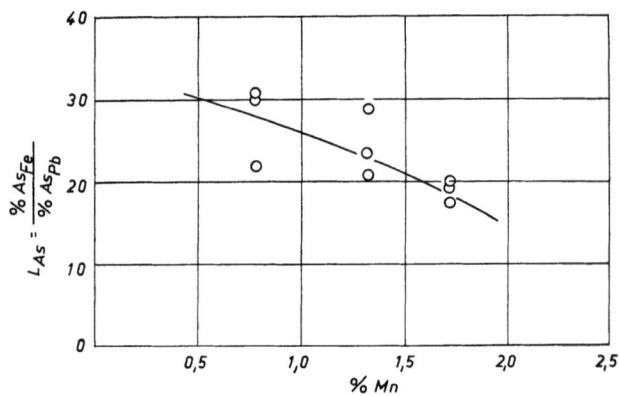

Abb. 4 Einfluß des Mangans auf die Verteilung des Arsens zwischen arsenhaltigen kohlenstoffgesättigten Eisenschmelzen und reinem Blei

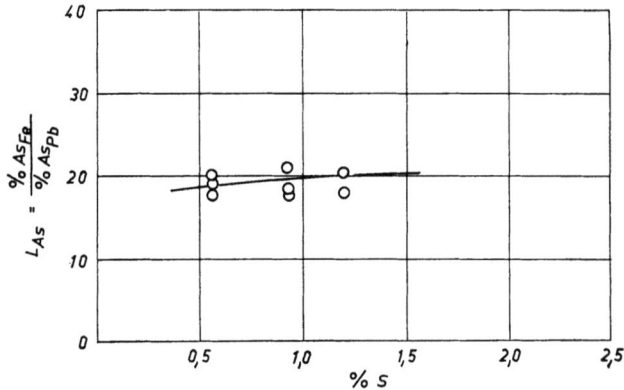

Abb. 5 Einfluß des Schwefels auf die Verteilung des Arsens zwischen arsenhaltigen kohlenstoffgesättigten Eisenschmelzen und reinem Blei

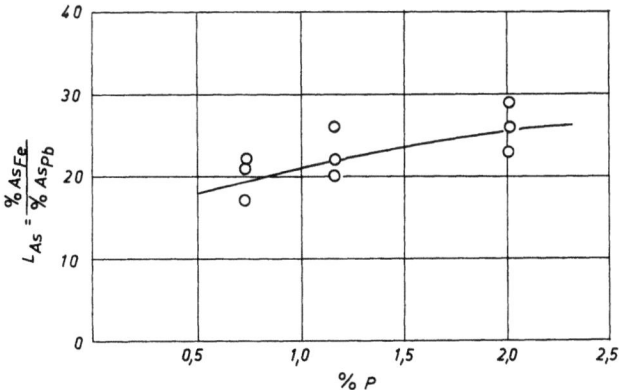

Abb. 6 Einfluß des Phosphors auf die Verteilung des Arsens zwischen arsenhaltigen kohlenstoffgesättigten Eisenschmelzen und reinem Blei

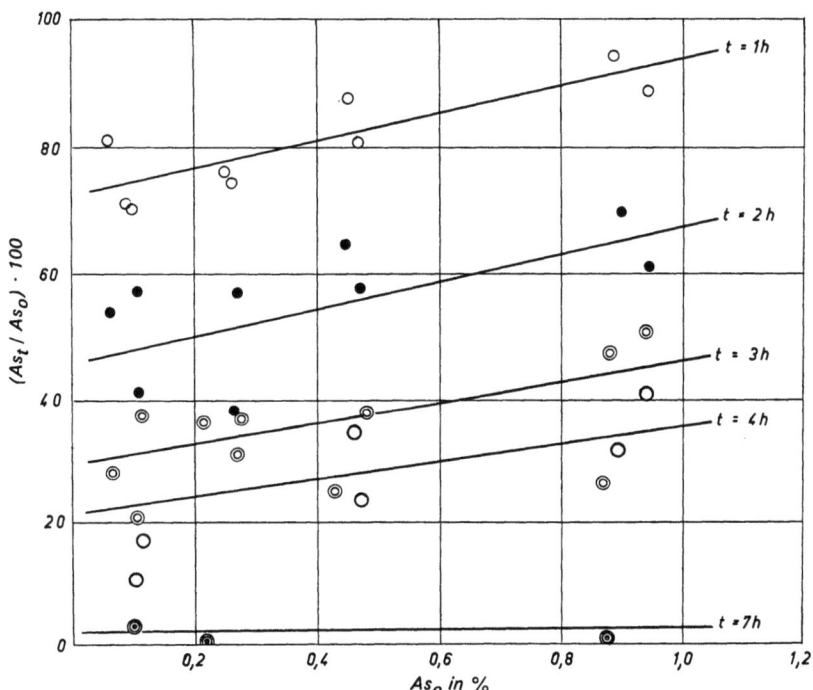

Abb. 7 Ausgleichsgeraden für die Entarsenisierung von arsenhaltigem Eisen unter Vakuum

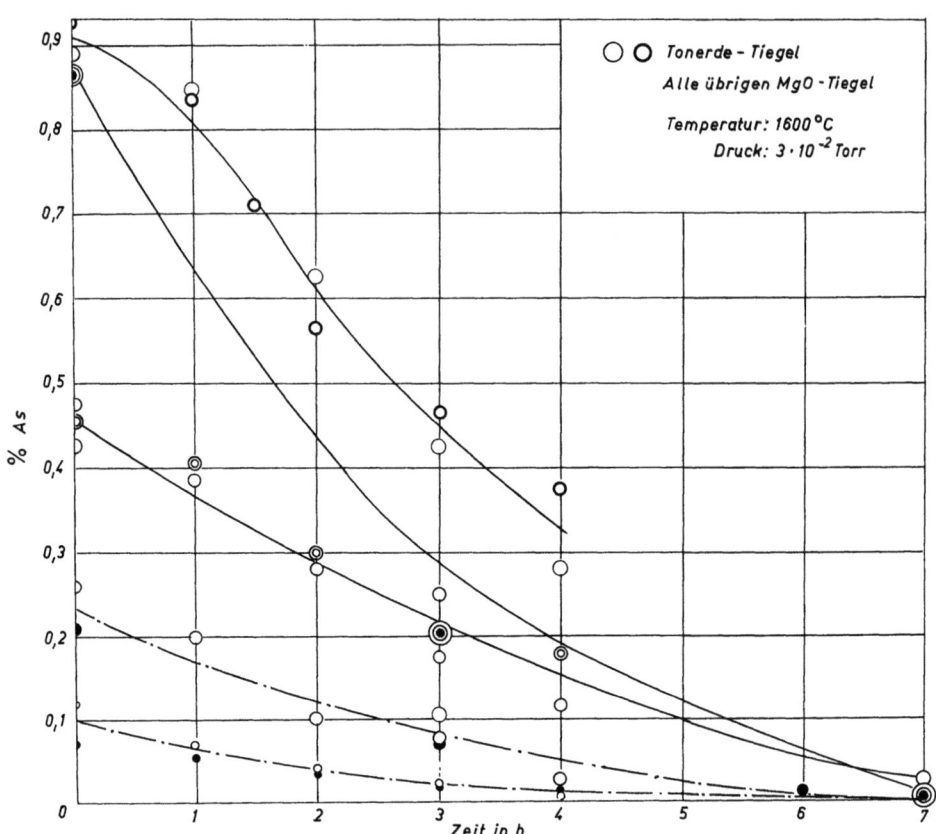

Abb. 8 Entarsenisierung von arsenhaltigen Eisenschmelzen unter Vakuum

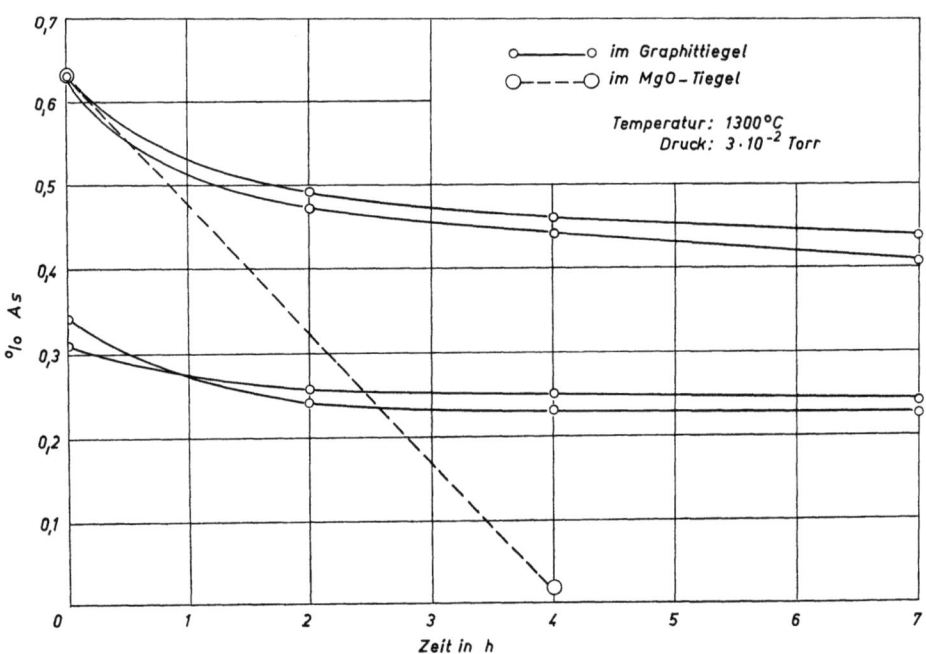

Abb. 9 Entarsenisierung von kohlenstoffgesättigten arsenhaltigen Eisenschmelzen unter Vakuum

Forschungsberichte des Landes Nordrhein-Westfalen

Herausgegeben im Auftrage des Ministerpräsidenten Heinz Kühn
von Staatssekretär Professor Dr. h. c. Dr. E. h. Leo Brandt

Sachgruppenverzeichnis

Acetylen · Schweißtechnik
Acetylene · Welding gracitice
Acétylène · Technique du soudage
Acetileno · Técnica de la soldadura
Ацетилен и техника сварки

Arbeitswissenschaft
Labor science
Science du travail
Trabajo científico
Вопросы трудового процесса

Bau · Steine · Erden
Constructure · Construction material ·
Soil research
Construction · Matériaux de construction ·
Recherche souterraine
La construcción · Materiales de construcción ·
Reconocimiento del suelo
Строительство и строительные материалы

Bergbau
Mining
Exploitation des mines
Minería
Горное дело

Biologie
Biology
Biologie
Biologia
Биология

Chemie
Chemistry
Chimie
Quimica
Химия

Druck · Farbe · Papier · Photographie
Printing · Color · Paper · Photography
Imprimerie · Couleur · Papier · Photographie
Artes gráficas · Color · Papel · Fotografía
Типография · Краски · Бумага · Фотография

Eisenverarbeitende Industrie
Metal working industry
Industrie du fer
Industria del hierro
Металлообрабатывающая промышленность

Elektrotechnik · Optik
Electrotechnology · Optics
Electrotechnique · Optique
Electrotécnica · Optica
Электротехника и оптика

Energiewirtschaft
Power economy
Energie
Energía
Энергетическое хозяйство

Fahrzeugbau · Gasmotoren
Vehicle construction · Engines
Construction de véhicules · Moteurs
Construcción de vehículos · Motores
Производство транспортных средств

Fertigung
Fabrication
Fabrication
Fabricación
Производство

Funktechnik · Astronomie
Radio engineering · Astronomy
Radiotechnique · Astronomie
Radiotécnica · Astronomía
Радиотехника и астрономия

Gaswirtschaft
Gas economy
Gaz
Gas
Газовое хозяйство

Holzbearbeitung
Wood working
Travail du bois
Trabajo de la madera
Деревообработка

Hüttenwesen · Werkstoffkunde
Metallurgy · Materials research
Métallurgie · Matériaux
Metalurgia · Materiales
Металлургия и материаловедение

Kunststoffe
Plastics
Plastiques
Plásticos
Пластмассы

Luftfahrt · Flugwissenschaft
Aeronautics · Aviation
Aéronautique · Aviation
Aeronáutica · Aviación
Авиация

Luftreinhaltung
Air-cleaning
Purification de l'air
Purificación del aire
Очищение воздуха

Maschinenbau
Machinery
Construction mécanique
Construcción de máquinas
Машиностроительство

Mathematik
Mathematics
Mathématiques
Matemáticas
Математика

Medizin · Pharmakologie
Medicine · Pharmacology
Médecine · Pharmacologie
Medicina · Farmacología
Медицина и фармакология

NE-Metalle
Non-ferrous metal
Metal non ferreux
Metal no ferroso
Цветные металлы

Physik
Physics
Physique
Física
Физика

Rationalisierung
Rationalizing
Rationalisation
Racionalización
Рационализация

Schall · Ultraschall
Sound · Ultrasonics
Son · Ultra-son
Sonido · Ultrasónico
Звук и ультразвук

Schiffahrt
Navigation
Navigation
Navegación
Судоходство

Textilforschung
Textile research
Textiles
Textil
Вопросы текстильной промышленности

Turbinen
Turbines
Turbines
Turbinas
Турбины

Verkehr
Traffic
Trafic
Tráfico
Транспорт

Wirtschaftswissenschaften
Political economy
Economie politique
Ciencias económicas
Экономические науки

Einzelverzeichnis der Sachgruppen bitte anfordern

Westdeutscher Verlag · Köln und Opladen
567 Opladen/Rhld., Ophovener Straße 1–3, Postfach 1620

MIX
Papier aus verantwortungsvollen Quellen
Paper from responsible sources
FSC® C105338

If you have any concerns about our products,
you can contact us on
ProductSafety@springernature.com

In case Publisher is established outside the EU,
the EU authorized representative is:
**Springer Nature Customer Service Center GmbH
Europaplatz 3, 69115 Heidelberg, Germany**

Printed by Libri Plureos GmbH
in Hamburg, Germany